"十三五"国家重点出版物出版规划项目

装备科技译著出版基金

现代电子战技术丛书

# 电子战信号处理

## Electronic Warfare Signal Processing

[美]詹姆斯·吉诺瓦 著

甘荣兵 郑坤 张刚 刘江 张圣鹊 译

胡来招 审校

U0208703

国防工业出版社

·北京·

著作权合同登记　图字:军－2020－002 号

**图书在版编目(CIP)数据**

电子战信号处理／(美)詹姆斯·吉诺瓦
(James Genova) 著;甘荣兵等译. —北京:国防工业
出版社, 2021.6(2023.10 重印)
书名原文:Electronic Warfare Signal Processing
ISBN 978 - 7 - 118 - 12343 - 2

Ⅰ. ①电… Ⅱ. ①詹… ②甘… Ⅲ. ①电子对抗 - 信
号处理 Ⅳ. ①TN97

中国版本图书馆 CIP 数据核字(2021)第 073743 号

电子战信号处理
Electronic Warfare Signal Processing
Translation from the English language edition:
Electronic Warfare Signal Processing by James Genova
© Artech house,2018

※

*国防工业出版社*出版发行
(北京市海淀区紫竹院南路 23 号　邮政编码 100048)
北京虎彩文化传播有限公司印刷
新华书店经售
*
开本 710×1000　1/16　印张 13¼　字数 238 千字
2023 年 10 月第 1 版第 2 次印刷　印数 2001—2500 册　定价 98.00 元

**(本书如有印装错误,我社负责调换)**

国防书店:(010)88540777　　书店传真:(010)88540776
发行业务:(010)88540717　　发行传真:(010)88540762

# "现代电子战技术丛书"编委会

# 丛书序

## 新时代的电子战与电子战的新时代

广义上讲,电子战领域也是电子信息领域中的一员或者叫一个分支。然而,这种"广义"而言的貌似其实也没有太多意义。如果说电子战想用一首歌来唱响它的旋律的话,那一定是《我们不一样》。

的确,作为需要靠不断博弈、对抗来"吃饭"的领域,电子战有着太多的特殊之处——其中最为明显、最为突出的一点就是,从博弈的基本逻辑上来讲,电子战的发展节奏永远无法超越作战对象的发展节奏。就如同谍战片里面的跟踪镜头一样,再强大的跟踪人员也只能做到近距离跟踪而不被发现,却永远无法做到跑到跟踪目标的前方去跟踪。

换言之,无论是电子战装备还是其技术的预先布局必须基于具体的作战对象的发展现状或者发展趋势、发展规划。即便如此,考虑到对作战对象现状的把握无法做到完备,而作战对象的发展趋势、发展规划又大多存在诸多变数,因此,基于这些考虑的电子战预先布局通常也存在很大的风险。

总之,尽管世界各国对电子战重要性的认识不断提升——甚至电磁频谱都已经被视作一个独立的作战域,电子战(甚至是更为广义的电磁频谱战)作为一种独立作战样式的前景也非常乐观——但电子战的发展模式似乎并未由于所受重视程度的提升而有任何改变。更为严重的问题是,电子战发展模式的这种"惰性"又直接导致了电子战理论与技术方面发展模式的"滞后性"——新理论、新技术为电子战领域带来实质性影响的时间总是滞后于其他电子信息领域,主动性、自发性、仅适用于本领域的电子战理论与技术创新较之其他电子信息领域也进展缓慢。

凡此种种，不一而足。总的来说，电子战领域有一个确定的过去，有一个相对确定的现在，但没法拥有一个确定的未来。通常我们将电子战领域与其作战对象之间的博弈称作"猫鼠游戏"或者"魔道相长"，乍看这两种说法好像对于博弈双方一视同仁，但殊不知无论"猫鼠"也好，还是"魔道"也好，从逻辑上来讲都是有先后的。作战对象的发展直接能够决定或"引领"电子战的发展方向，而反之则非常困难。也就是说，博弈的起点总是作战对象，博弈的主动权也掌握在作战对象手中，而电子战所能做的就是在作战对象所制定规则的"引领下"一次次轮回，无法跳出。

然而，凡事皆有例外。而具体到电子战领域，足以导致"例外"的原因可归纳为如下两方面。

**其一，"新时代的电子战"。**

电子信息领域新理论新技术层出不穷、飞速发展的当前，总有一些新理论、新技术能够为电子战跳出"轮回"提供可能性。这其中，颇具潜力的理论与技术很多，但大数据分析与人工智能无疑会位列其中。

大数据分析为电子战领域带来的革命性影响可归纳为**"有望实现电子战领域从精度驱动到数据驱动的变革"**。在采用大数据分析之前，电子战理论与技术都可视作是围绕"测量精度"展开的，从信号的发现、测向、定位、识别一直到干扰引导与干扰等诸多环节，无一例外都是在不断提升"测量精度"的过程中实现综合能力提升的。然而，大数据分析为我们提供了另外一种思路——只要能够获得足够多的数据样本（样本的精度高低并不重要），就可以通过各种分析方法来得到远高于"基于精度的"理论与技术的性能（通常是跨数量级的性能提升）。因此，可以看出，大数据分析不仅仅是提升电子战性能的又一种技术，而是有望改变整个电子战领域性能提升思路的顶层理论。从这一点来看，该技术很有可能为电子战领域跳出上面所述之"轮回"提供一种途径。

人工智能为电子战领域带来的革命性影响可归纳为**"有望实现电子战领域从功能固化到自我提升的变革"**。人工智能用于电子战领域则催生出认知电子战这一新理念，而认知电子战理念的重要性在于，它不仅仅让电子战具备思考、推理、记忆、想象、学习等能力，而且还有望让认知电子战与其他认知化电子信息系统一起，催生出一种新的战法，即，

"智能战"。因此，可以看出，人工智能有望改变整个电子战领域的作战模式。从这一点来看，该技术也有可能为电子战领域跳出上面所述之"轮回"提供一种备选途径。

总之，电子信息领域理论与技术发展的新时代也为电子战领域带来无限的可能性。

**其二，"电子战的新时代"。**

自1905年诞生以来，电子战领域发展到现在已经有100多年历史，这一历史远超雷达、敌我识别、导航等领域的发展历史。在这么长的发展历史中，尽管电子战领域一直未能跳出"猫鼠游戏"的怪圈，但也形成了很多本领域专有的、与具体作战对象关系不那么密切的理论与技术积淀，而这些理论与技术的发展相对成体系、有脉络。近年来，这些理论与技术已经突破或即将突破一些"瓶颈"，有望将电子战领域带入一个新的时代。

这些理论与技术大致可分为两类：一类是符合电子战发展脉络且与电子战发展历史一脉相承的理论与技术，例如，网络化电子战理论与技术（网络中心电子战理论与技术）、软件化电子战理论与技术、无人化电子战理论与技术等；另一类是基础性电子战技术，例如，信号盲源分离理论与技术、电子战能力评估理论与技术、电磁环境仿真与模拟技术、测向与定位技术等。

总之，电子战领域100多年的理论与技术积淀终于在当前厚积薄发，有望将电子战带入一个新的时代。

本套丛书即是在上述背景下组织撰写的，尽管无法一次性完备地覆盖电子战所有理论与技术，但组织撰写这套丛书本身至少可以表明这样一个事实——有一群志同道合之士，已经发愿让电子战领域有一个确定且美好的未来。

一愿生，则万缘相随。

愿心到处，必有所获。

杨牛

2018 年 6 月

---

杨小牛，中国工程院院士。

# 译者序

2018年3月，国防工业出版社王晓光老师向译者发送了一批新出版的英文书籍，并号召大家选择优秀书籍开展翻译工作，以促进行业发展。其中"Electronic Warfare Signal Processing"一书填补了电子战信号处理方面的诸多空白，介绍了新近发展的电子战技术，引起了译者的兴趣。

译者认为该书以反舰导弹与舰艇之间的电子对抗为主题，从信号处理理论、方法和战术运用等方面介绍了最新的研究成果，对电子对抗技术的研究具有极高的参考价值，是一本不可多得的好书。经王晓光老师的不懈推动，在张锡祥院士和电子科技大学张晓玲教授的推荐下，本书的翻译工作得到了装备科技译著出版基金的资助。通过翻译本书，译者收获很大，特别推荐书中"现代电子战是以目标识别为核心的信息战"这一核心观点。该观点是对电子战新信号处理和战术应用的深度理解，一定程度上代表了国外电子战同行的共识，对国内从业者也有着重要的启示意义。

本书重点介绍了反舰导弹雷达导引头与舰艇电子攻击博弈过程中，双方采取的措施及信号处理领域的最新研究成果。这些研究成果来源于作者长期从事的海军研究项目。相关技术的描述以理论为基础，同时具有很强的实用性，是世界上较先进的技术。书中在雷达电子防护波形设计方面，重点介绍了编码波形、步进频波形和探测波形电子防护技术；在电子防护信号处理方面，介绍了双相参源电子防护、空时自适应处理抗干扰、压制干扰电子防护等新信号处理技术。本书既可为电子侦察、电子干扰技术研究者提供珍贵的参考，也可为雷达系统设计者提供抗干扰设计的必要支撑。

本书由甘荣兵、郑坤领衔翻译，电子科技大学自动化学院的张刚老师和电子信息控制重点实验室的刘江、张圣鹊参与了本书的翻译工作。胡来招研究员对全书内容进行了审校。感谢国防工业出版社的王晓光、张冬晔两位老师和电子信息控制重点实验室的刘永红老师对本书所做的大量编辑工作。

　　译者主要利用业余时间完成翻译，难免由于理解不充分而出现纰漏，敬请广大读者批评指正。

译　者

2019 年 12 月

# 前 言

　　自动威胁传感器①的基本战术功能是在有干扰的条件下，通过监视模式完成目标检测，进而在跟踪模式下进行定位。许多常见的电子攻击（EA）技术利用传感器的缺陷来破坏或降低传感器检测或跟踪能力。为了开发这些电子攻击技术，需要情报机构收集实际威胁传感器的样本。这样电子战工程师就可以发现特定的传感器硬件缺陷。

　　例如，在研究特定的威胁传感器时，可以开发专门的电子攻击技术来捕获传感器的跟踪门。采用低占空比的假目标电子攻击波形（倒计时技术②），可使跟踪环不稳定，还不让传感器意识到它正在跟踪假目标。其他经典的电子攻击技术包括：使用箔条来迷惑传感器；使用噪声干扰来致盲传感器，阻止或延迟其对目标的检测。

　　当前的电子战（EW）是一种信息战。传统的反舰导弹（ASM）雷达导引头被具备新式射频硬件的导引头替代，它们通过多通道进行快速和有效的数字信号处理（DSP），从而具有采集低功率相参数据的能力。采用现代雷达技术即使在有干扰的条件下，先进的自动威胁传感器也可以随时检测并准确定位多个目标。后续，具备先进 DSP 技术的设备将对目标进行目标特征分析。

　　现代雷达传感器的信息收集能力加上高速数字信号处理器使电子战的重点发

---

　　① 译者注：自动威胁传感器，原书中为"autonomous threat sensor"，在本书中是指反舰导弹雷达导引头，本书中的"威胁"若无特殊说明均指反舰导弹。

　　② 译者注：倒计时技术，原文为"countdown technique"，是一种产生低占空比假目标的技术。

生了转移。从雷达通过目标特征提取和分析，实现目标识别和分类的意义上讲，现代雷达工程师的重点是电子防护（EP）。随着这些实用的数字电子防护技术的应用，现代雷达传感器能够快速、可靠地识别正确的目标，同时实施非常精确的制导。这种传感器的能力提升相对于现有电子攻击技术，形成了技术优势，并演化成前所未有的战术优势。

本书主要介绍现代自动雷达传感器进行目标分类的常用技术。书中阐述了当前对自动传感器最有用的 DSP 算法，它在对抗标准的电子攻击武器时可快速准确地做出目标分类决策。本书的目的是让读者对基本的电子防护技术问题有一个直观的理解。为此，我们建立简单的数学物理模型，以指导读者理解。

前面提到的变化适用于所有的现代电子战，尤其适用海军电子战。40 多年来，我一直积极参与电子战系统的开发和测试。尽管我工作中也接触机载和地基的电子战系统，但我的经验主要来源于海军项目，涉及我参与的各种海军舰载和舷外干扰系统的开发和测试。最近的项目是硬件模拟器的开发，该项目用于反舰导弹雷达传感器电子战的研究。这些项目由我负责，并已经为美国海军完成了最初几个相参雷达导引头硬件模拟器的研制。因而我有资格来解释这些反舰导弹的能力。基于上述原因，同时考虑大部分的电子战文章都集中在机载电子战上其他领域文献较少，因此本书锚定舰载电子战领域中的反舰弹与舰船对抗方向开展论述。

海军舰队可以将一个国家可见的力量投送到敌军控制的地理区域。典型的舰队由至少一艘航空母舰和各种护卫舰组成。护卫舰拥有发射远程武器的能力，其主要任务是保护作为飞机移动基地的航空母舰。

过去 60 多年来，为对抗这种力量投送能力许多国家已经发展并不断改善了反舰导弹相关技术。如：采用先进的导航系统，现代的反舰导弹可以在相当远的距离上通过多个路径飞向舰队；采用先进的传感器，反舰导弹可以找到舰船目标，并自动引导至预定目标。

对付反舰导弹最可靠和有效的防御手段是各种硬杀伤武器，例如反导导弹、近防武器系统和高能激光束。这些武器的目标是物理损坏或摧毁反舰导弹平台及其传感器。然而，一个波次的现代反舰导弹攻击对舰队防御系统提出了巨大的挑战。这样的攻击预计将消耗掉所有的硬杀伤资源。因此，需要有效的舰载电子攻击或软杀伤武器防御能力，以作为对硬杀伤防御的补充。

由于一个波次的自主威胁攻击可以压制动能武器，而利用 DSP 技术的传感器又可以对抗大多数经典的电子攻击手段，因此，为了实现有效防御，防御电子战必须演化为一个可靠和可行的武器系统。为了开发这种防御能力，电子战工程师必须了解这些 DSP 技术。

电子战工程师努力使舰船目标看起来不像舰船，而使诱饵看起来更像一艘舰船,本书正是讨论这些内容。而为了指导情报人员收集信息,正确评估反舰导弹传感器的电子防护能力,同样是本书讨论的内容。

本书分为两部分。第一部分详细构建、描述了模型,并介绍了雷达和电子战的基本原理。给出的例子会在书的后半部分使用。目前已有很多关于电子战的优秀书籍,比如 D. Curtis Schleher 的《信息时代的电子战》,也有许多雷达方面的优秀书籍,如 Donald R. Wehner 的《高分辨率雷达》和 Roger J. Sullivan 的《微波雷达》等。虽然本书的内容是完整的,但是读者还是应该查阅相关作品,以了解电子战和雷达信号处理更多的基础细节。

第 1 章描述了海战的定量方法,运用了突袭歼灭概率的概念,将复杂的交战与单一反舰导弹攻击单一舰船联系起来。该章给出了描述海军交战的许多有用术语的定义,并描述了几个电子战策略的例子,这些内容全书都会用到。

第 2 章包含了与反舰导弹低截获雷达传感器有关的数学定义,以有助于理解后面章节的内容。该章介绍了脉冲雷达的基本概念,并给出了严格的数学表达,可使读者对传感器有直观的认识;还描述了有助于后续理解的反舰导弹传感器的特殊内容。其中,Phillip Pace 博士的《低截获概率雷达的检测和分类》是本章的重要参考。

第 3 章给出了一些基础内容,提出了一种基于物理的反舰导弹雷达传感器针对点目标的数学模型,包括有电子攻击和没有电子攻击的情况。该章介绍了数字射频存储器(DRFM)、转发式电子攻击、压制噪声电子攻击和烧穿的概念。此外,本章还介绍了现代电子防护和目标分类技术的基本含义。

本书的第二部分介绍了电子防护决策过程中的现代处理算法。每个主题都介绍了反舰导弹雷达传感器的改进。电子战工程师必须理解这些内容,才能成功地开发有效的电子攻击技术。情报工程师也必须理解这些内容,才能正确评估威胁的潜力。

第 4 章描述了舰船作为面目标[①]而非点目标的电子防护技术。介绍了现代海军防御的经典电子攻击和角度欺骗的概念。具体包括诱饵和箔条、转发电子攻击、压制噪声干扰,以及使用双相参源干扰(DCS)来模拟一个面目标。

该章说明了现代数字处理器如何充分利用各种目标的统计特性。利用这些简单的算法,现代的反舰导弹雷达导引头可以对场景进行快速探测,并能自动识别出诱饵、箔条和舰船。科研人员必须特别注意模仿舰船的目标特征,或者以一种新颖的方式利用这些差异。本章还介绍了一些已被验证了的电子攻击的基本概念,用

① 译者注:面目标,英文为"extended target",是指尺寸大于一个雷达分辨单元的目标,与点目标"point target"相对应,点目标是指尺寸小于等于一个雷达分辨单元的目标。

以合成复杂的假目标。

第 5 章描述了反舰导弹波形设计。以前波形设计用于改进检测性能和跟踪参数的估计精度。而利用现代技术，在不牺牲检测或跟踪能力的前提下，可以灵活设计波形，提升目标分类参数估计的性能。这是一种新的传感器能力。该章还描述了一种用于增强特征信息，有效减轻电子攻击和诱骗效果的波形。

第 6 章特别重要。20 世纪 70 年代的一项重大技术进步是单脉冲测角。直到最近，反舰导弹雷达传感器的第二接收机仅用于单脉冲角估计。现在，随着快速数字处理器的出现，反舰导弹传感器能够充分利用这些多接收机的能力。这种能力完全削弱了掩盖噪声干扰的作用，同时提高了目标检测和跟踪能力。

第 7 章描述了传感器融合和反馈控制算法的特点。这样的算法可使舰队电子战系统成为一个有用的防御武器系统。该算法说明了实时电子战效能评估的基本特征，也给出了一种有效的后验概率，它可以把电子攻击提升到一个有用的水平，电子攻击作为与动能武器并列的武器选项。反舰导弹通用处理器必须使用类似的信息融合算法，以最优地结合前几章中的多个电子防护算法。

我由衷地感谢大家的支持，他们使这本书的出版成为可能。特别感谢海军研究实验室的 Al DiMattesa 先生（已退休），他从 1978 年以来一直是我研究领域的导师和支持者。我还要感谢 Phillip Pace 教授（海军研究生院），是他激发了我写本书的热情。

# CONTENTS

# 目 录

# 第1章

# 现代电子战简介

像反舰导弹(ASM)这样的自主威胁能利用其传感器及一系列后续处理来探测和选择正确的打击目标,并对该目标提供精确的制导信息。反舰导弹利用该制导信息把自己送往目标。被攻击的目标采用动能或非动能(NK)武器对抗来袭威胁。实时数字信号处理算法的应用使现代威胁感知器的有效性得到了显著提升。

本书阐述了电子战的现状,对自主威胁传感器中用于对抗常规电子攻击技术的数字信号处理实例进行了介绍,并给出了一种将物理模型与工程经验相结合的电子战效能评估的方法。

本书采用海军电子战案例介绍现代电子战中的信息对抗。鉴于大部分出版物主要关注空军电子战,本书给出海军电子战的基础理论,既更全面地阐述了现代电子战概念又填补了文献资料在该领域的空白。目前,大幅提升的雷达技术以及高速DSP的使用使自主雷达制导反舰导弹形成了显著的战术优势。

本章介绍现代电子战的背景及基本概念。1.1节简要概述了海军电子战的发展历史,描述了现代电子攻击从利用传感器技术缺陷到实实在在的信息战的演化历程。如今的反舰导弹雷达传感器已经可以检测并测量多个目标的制导参数。传感器可同时使用多种DSP算法,快速并准确地从测量参数中提取特征,以提升目标分类能力。

1.2节概括介绍了常规概念下的电子对抗案例。这些简单的对抗场景将作为后续概念扩展的基础案例,并用于定义标准的电子战术语。本节通过引入突袭歼灭概率(PRA)的概念,说明了这种简单场景如何作为一种基础支持对雷达制导反舰弹群与海军舰群作战分析。

为便于后文的表述1.3节给出了简化的交战案例。通过这些基本而简单的例子,可以更容易、更直观地理解更复杂交战案例的数学分析结果。

## 1.1 海军电子战的演化历程

海军舰队自古以来就是一种令人震撼的武装力量,可以将部队从海洋投放至敌控地理区域。在大多数情况下,与经由陆路相比,通过水路航行的舰船可以更容易地进行人员和装备转移。在地面作战部队无法立即靠近敌人的情况下,通常从海面对敌人进行攻击,这导致了地面与海军力量的对抗以及两股海军力量之间的对抗。作战人员可使舰船足够靠近对方船只,然后采用人员登上敌方船只的方式进行对抗。

除了人员之外,地面武器常常装备于舰船来增加其作战效能或防御能力。古希腊人将多种武器装备到了舰船上来增加其有效射程,这些武器包括石弩、火焰投射器、长矛以及弓箭。火药和大炮在摧毁城墙和增加兵器的投掷射程之后,也很快装备在了舰船上。在这些技术的推动下,攻击性弹药的射程大大增加了。

在作战过程中,各个作战小组之间的通信至关重要。在古代,远距离的通信手段仅限于音频信号以及视距可见信号。就像在地面战争中一样,在白天海军采用信号旗和烟来向其他参战人员传递信息,夜晚则采用火炬信号。

信息域的作战是非常重要的。除了能够协调战术和作战力量,欺骗性的动作也可能颠覆一场战斗。有时一艘舰船已被敌方力量捕获,而己方尚未获悉,一个假的信号旗挥舞动作可以使己方将敌方误认为友军并允许其不断靠近。这是早期的欺骗性信息作战的简单案例。

与武器和通信方式一样,其他技术也经历了演化和改进。海军作战传感器的重要改进是使用望远镜来增加对舰船目标的目视观测和分类识别的距离。导航领域的改进包括指南针的使用以及六分仪结合更多恒星知识的使用。导航技术的发明使舰船得以航行至更远的距离,探索离岸更远的区域。

罗马曾经凭借其优越的道路及海军舰队控制了地中海沿岸及其周边的整片区域。导航、通信、传感器以及武器技术等方面的发展使海军舰队可以将力量投送到更远的距离。英国依赖其优越的海军力量形成统治遍布全世界的庞大帝国很多年。美国在1853年利用舰队向日本展示了先进的海军技术,并且带来了美国与亚洲国家贸易往来的增长。

在这些早期技术持续改进的同时,飞行器被发明,并在被应用于地面战争之后很快也被应用于海军舰队。航空母舰将飞行器搭载于舰船上,通过水面平台搭载飞行器,并从这一移动平台发射机载武器的方式,使海军舰队得以将力量投送至更远的距离以及更大纵深的内陆地区。第二次世界大战期间,在珍珠港及其他太平洋岛屿上已经验证了飞行平台与海军舰队的结合是非常有效的。

　　面向海军舰队的对抗手段一直是采用陆基武器、其他舰载武器以及机载武器相结合的方式。在海军舰队间的战斗中，各船只必须足够靠近对方以满足舰载武器的射程要求。在第二次世界大战期间，这一任务有时由潜艇舰队的攻击行动秘密完成。其他情况下，从航空母舰升空的飞行器可以在足够远的距离实现对敌方舰队的攻击。从空中对舰队进行攻击是指由飞行员引导武器对敌方舰队进行打击。飞行员引导武器进行攻击的增多使发展尖端防御武器的需求持续增加，以使舰队在面对空中威胁时具有足够的自卫能力。

　　同样在第二次世界大战期间，雷达传感器先后在地面/空中战役以及海上战役中发展成熟。这种基于电磁波的传感器增加了对敌方空军力量及海军力量的探测和定位（包括角度及距离）能力，不仅作用距离大大增加，在黑暗环境以及恶劣气候下依然能够发挥效能。几乎与雷达应用于作战同时开始发展和部署的是（对雷达的）欺骗和迷惑技术，比如箔条的使用。随着对雷达的依赖逐渐增加，电子战成为了一个独特的作战层面。

　　随着雷达传感器以及其他电子技术的发展，战场上的速度、复杂性以及距离均有所提升，更多的自动化技术逐渐被引入作战。例如，操作手可以通过雷达屏显来判断是目标还是箔条。电子处理器能够根据回波特征处理将首选的感兴趣目标高亮显示给操作手。最终显示器完全不再给出雷达原始数据，取而代之的是数字处理后生成的符号。电子化的武器越来越多地做出战场战术决策，或是为操作手提供实时作战建议。武器的自主水平逐渐提升。

　　到了现代，许多国家拥有大量舰船组成的海军，具备将力量从邻近海域投送至距离较远的敌对国家的能力。以美国为代表的许多国家建造了以高价值目标①（HVU）——航空母舰为核心的舰队。航空母舰舰队利用在这一移动基地上起飞的飞机将力量投送至敌方区域。对于美国，航空母舰已成为占主导地位的移动武器基地，既可用于攻击，也可用于声明其政治立场。其他舰船尽管也可以发射远程武器，但它们的主要角色通常是保护作为移动基地的航空母舰。当然，随着技术越来越复杂，舰队的花费也相应越来越多。

　　由于海军舰队是投送力量至敌控区域的手段，随着对抗日益自动化，用于对抗这一海军力量的手段自然是自主化的反舰导弹。反舰导弹已经历了60多年的发展历程，作为飞行员制导武器的替换项，反舰导弹集成了多种包含先进电子器件及处理器的高性能传感器。现代的反舰导弹可以从海面舰船、空中平台、潜艇以及陆地等多种平台发射。尽管造价昂贵，但面对从未如此昂贵的海军舰队，反舰导弹仍然是一种高效费比的对抗手段。如果它能成功击中高价值目标，则更是如此。

---

　　① 译者注：在本书中，高价值目标（HVU）均指航空母舰。

1967 年,以色列寻求投送力量至埃及控制的西奈半岛。埃及发射了四枚俄制 Styx 导弹并击沉了以色列海军的 INS Eilat 号。作为回应,以色列加速了其 Gabriel 系列反舰导弹的研制。该系列导弹在 1973 年对叙利亚及其他国家的"赎罪日战争"中得到了有效应用,击沉多艘敌方舰艇。

在 1982 年的马岛战争中,英国在面对其敌人(阿根廷)时,利用海军舰队将力量投送至远离英国的阿根廷附近海域。作为反击,阿根廷使用法国生产的空中及地基发射的"飞鱼"反舰导弹,成功击沉或损毁了"谢菲尔德"号以及另外两艘英国舰艇。

此时,美国海军意识到它的自动防御系统会忽略"飞鱼"反舰导弹。因为它是大西洋公约组织同盟国的武器,所以会把它划分为非威胁目标。美国海军防御系统软件很快进行了必要的修正。在两伊战争期间,针对伊朗,美国将海军舰队驶入中东海域。尽管他们声称是由于飞行员失误,伊拉克在 1987 年成功采用"飞鱼"反舰导弹对抗了美国海军的佩里级舰"斯塔克"号。

即使是作战力量有限的国家也可通过获取和部署反舰导弹获得一定程度的对抗敌方优势海军力量的能力。在 2006 年 7 月的黎巴嫩战争中,以色列利用其海军巡逻队在距黎巴嫩海岸 10n mile[①] 处包围了黎巴嫩真主党。由于没有意识到黎巴嫩真主党装备了反舰导弹(可能是 C802),以色列舰艇 INS Hanit 号为了避免把以色列飞机错误识别为威胁目标而关闭了自动防御系统。据报道,黎巴嫩真主党从海岸发射了两枚反舰导弹,其中一枚击中并毁坏了 INS Hanit 号,并导致多名水手牺牲。

舰队的防御有两个基本方面:一是保护舰船及其投送力量的能力;二是尽可能长时间的保护在敌方区域的整个舰队。在反舰导弹的威胁下保护舰船的主要手段是采用动能或硬杀伤武器。动能武器包括以"海麻雀"和"拉姆"为代表的反导导弹、以近防武器系统(CIWS)为代表的高速射击武器,以及以高功率激光武器为代表的新型武器。

动能武器是最可靠和有效的对抗反舰导弹的防御武器。它们的目标是物理损伤或摧毁反舰导弹平台或其传感器。动能武器的优点是能够通过感知反舰导弹是否偏离路径或者观察到反舰导弹坠入海面来实时确认杀伤效果。反舰导弹用于对抗动能武器的手段是在攻击过程中做机动。这大大增加了动能武器火控算法的复杂度。

一些具有较强军事力量的国家,会发射多轮反舰导弹来攻击敌方舰队。这些反舰导弹可从飞机、地基、海面船只以及潜艇等平台发射,协同压制敌方海军。现代机动反舰导弹对海军舰队的波次攻击使舰队防御面临巨大的挑战。按照预期,

---

① 海里,1n mile = 1.852km。

这样的攻击可以压倒性地战胜现有的硬杀伤武器。

由于分波次攻击以及反舰导弹机动成为了对抗动能武器的有效手段,并且搭载动能武器的能力是有限的,所以合理的做法是在动能武器的基础上增加非动能武器或者软杀伤武器。非动能武器可用于对抗多个反舰导弹,并且舰船通常可以在单位空间内搭载更多的非动能武器。这使舰船拥有可与硬杀伤武器互补的有效舰载电子攻击或软杀伤防御能力成为必须的选项。图 1.1 给出了海军战役中对抗反舰导弹波次式攻击的多层次防御体系。

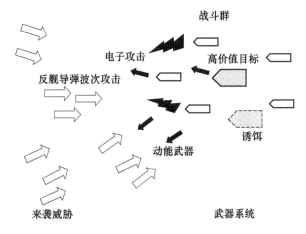

图 1.1　海军多层反舰导弹防御

电子战是一场信息战[1]。反舰导弹导引头的目的是搜集并解读信息以使反舰导弹能够自动做出战术决策。导引头的首要任务是在监视模式下探测所有的可能目标,接下来的任务是进行目标分类或识别出正确的目标。图 1.2 给出了反舰导弹平台的简单模型。

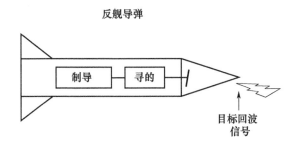

图 1.2　反舰导弹模型

在探测和选定目标之后,反舰导弹传感器的处理器在目标参数周围生成跟踪波门,并在分离数据的同时要防止传感器无意中使用来自干扰系统的错误信息。

一旦进入跟踪或定位模式,导引头将为制导子系统提供对当前目标的定位测量信息(距离与方位)。反舰导弹导引头的作用是进行正确的目标探测,然后在干扰背景下给出精确的距离和角度估计。图1.3给出了简单的距离跟踪波门的使用方式。

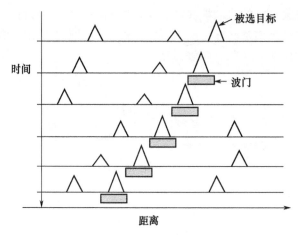

图1.3　距离跟踪门应用

动能武器攻击的是反舰导弹平台,而电子攻击系统则是通过向导引头注入虚假信息来攻击反舰导弹的感知功能。图1.4所示为反舰导弹同时受到动能武器和非动能武器攻击的示意图。

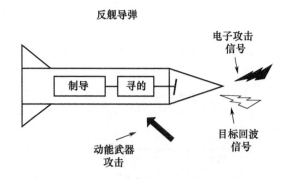

图1.4　攻击反舰导弹示意图

典型电子攻击技术的正常开发需要情报机构搜集实际工作中的威胁导弹传感器的样本,以分析其硬件缺陷。攻击探测能力的典型电子攻击技术的例子包括利用箔条来替代目标,或者通过噪声干扰致盲敌方传感器来阻止或延迟目标探测。

例如,对工作中的敌方反舰导弹导引头的仔细分析可使电子战工程师设计一个电子攻击脉冲序列,它可以捕获敌方雷达的跟踪门,并且会在这些跟踪门中制造欺骗距离的虚假数据,如图 1.5 所示。

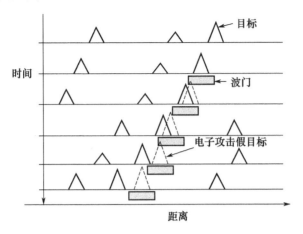

图 1.5　欺骗电子攻击距离门捕获示意图

具有破坏性的假目标数据的一个示例是产生低占空比(low-duty-cycle)的假目标。这样的输入信号可在反舰导弹系统没有意识到有假目标存在的情况下使跟踪环不稳定。其他的利用传感器技术缺陷的经典电子攻击(EA)技术包括自动增益控制(AGC)欺骗以及闪烁干扰。这些技术增加了反舰导弹对真实目标识别能力的需求。在许多电子战参考文献中都能找到上述及其他经典电子攻击技术的介绍[2]。但这些类型的电子攻击技术已经基本无法再产生效能。

自主反舰导弹主要用于击沉舰船。反舰导弹雷达导引头的作用是探测目标的雷达回波,并从回波中测量舰船位置(典型的为距离与角度)用于反舰导弹制导。距离是通过回波延时进行估计的。比例导引的制导算法需要连续的位置测量用于对反舰导弹进行航路控制。图 1.6 给出了进行比例导引制导的基本要求[3-4]。

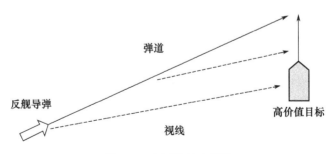

图 1.6　比例导引示意图

比例导引的基本概念是使反舰导弹到其攻击目标的视线保持固定。例如,考虑由弹道以及从反舰导弹到目标的视线向量构成的一系列三角形。从图 1.6 中可

以看出,如果这些三角形都是相似的,则反舰导弹就处在一个会与目标碰撞的航线上。一旦目标被检测,传感器必须对这个视线或者相应的视线角速度进行测量。任何实时视线的偏离都会用于对制导系统进行修正。跟踪门的目的是保护传感器不受输入的虚假数据影响。只有靠近原始被跟踪目标的数据才会被接受。如果电子攻击系统能够捕获这些跟踪门,就可以将虚假数据注入到制导回路。

比例导引需要对目标指向角的变化率进行测量。指向角变化率与指向角的偏差有关。反舰导弹的设计师需要开发一套传感器系统用于测量雷达天线的指向误差。早期采用圆锥扫描跟踪雷达进行指向角偏差(以天线中心线为参考的目标角度)的测量。它的抛物面天线波束绕中心轴以一个相对于波束宽度而言较小的偏置角度进行物理旋转。波束内的目标产生时间调制的回波,调制率与天线旋转速率相等。通过对调制结果的相位及幅度进行测量来估计目标相对于旋转轴的角度[5-6]。如图 1.7 所示,指向角与调制信号最大值和已知的天线旋转角位置之间的相对关系有关。

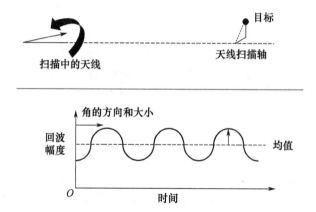

图 1.7　圆锥扫描天线的反舰导弹导引头模型

为了形成足够的目标探测能力,反舰导弹雷达必须发射高功率信号。天线扫描导致发射波束对照射到目标上的高功率脉冲具有幅度调制特征,舰船上的电子支援系统可对天线扫描过程进行探测和度量。随后,利用这一传感器缺陷来破坏角度估计,途径是发射一个用相应方法调制的干扰信号。图 1.8 给出了一个占空比为 50%、针对扫描中的雷达进行了适当相位调制的干扰信号带来的影响。在电子支援系统接收到雷达信号最小的时候发射干扰信号,方向角估计结果将与真实目标角度相反,带来较大的角度误差。

随着雷达技术的进步,可以在发射信号固定的情况下利用接收天线进行电子扫描。这一电子防护技术被应用于圆锥扫描雷达接收端,以对抗电子攻击。硬件

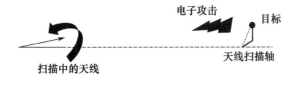

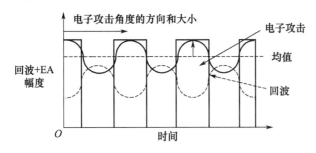

图 1.8　反舰导弹圆锥扫描天线与欺骗干扰

缺陷会导致微小的接收端调制泄漏到发射波束。尽管这样的信号更难被探测,但对其进行有效的电子攻击仍然具有一定可能性。

　　在信息战中的角度估计技术方向,20 世纪 70 年代出现了几乎完美的单脉冲测角技术。单脉冲技术仅利用 1 个脉冲即可进行角度指向偏差估计,不需要时间调制,也无须进行空间上的调制。发射脉冲直接由和波束产生。这可使天线中轴方向的增益最大化。例如,抛物面天线的单馈源由四馈源以及一个波导桥替代。其典型组成如图 1.9 所示。

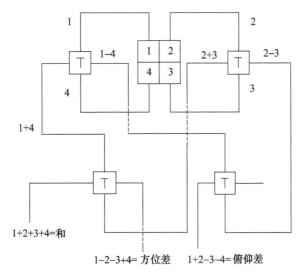

图 1.9　四喇叭馈源和混合波导

同时发射能量的四路馈电器产生稳定持续的波束能量。利用一系列"魔T"组件,接收能量可以被合成为一个和波束以及多个差波束。如图1.9所示,差波束对应一个方位差波束以及一个俯仰差波束。差波束给出了目标位置角度相对于天线中轴方向的偏差信息。通过差波束与和波束之比,可以仅利用单个脉冲实现回波方向角度的直接测量,而它也规范了对距离的测量(这一点后文会详细讨论)。典型波束方向图的中心部分如图1.10所示。

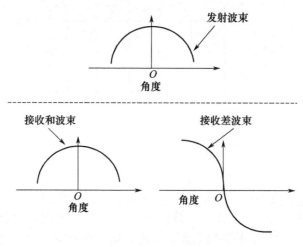

图1.10　单脉冲波束方向图

在最初的单脉冲雷达系统里,由和波束和差波束接收的信号通过多路复用进入一个接收机。单脉冲测角的现代化实现方式则是采用两个相参接收机。只有相应的采用两路相参电子攻击天线才能实现角度欺骗,如图1.11所示。针对单脉冲测角设计的电子攻击技术包括交叉眼、交叉极化、地面反射,以及这些基本技术的各种组合,比如双交叉干扰。除了这些电子攻击系统产生的信号之外,现代单脉冲雷达系统可以精确可靠地对任意单信号源进行测角。

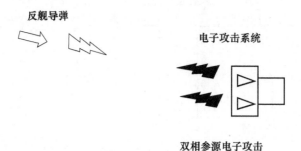

图1.11　双相参干扰源电子攻击

从这些例子可知,舰队防御系统的进步持续受到反舰导弹能力发展的挑战。由于反舰导弹雷达传感器最初是 X 波段雷达,电子攻击系统频率覆盖范围也局限于 X 波段。于是反舰导弹的工程师开发了装备 Ku 波段雷达导引头的反舰导弹系统。由于最初的威胁是掠海反舰导弹,为了削减开支,海军电子攻击系统的角度覆盖范围局限于低仰角。于是反舰导弹工程师为反舰导弹系统开发了跃升机动功能。而后反舰导弹工程师又开发了陡峭的俯冲弹道。更改制导路线,引入高加速度机动的技术给采用改进动能武器的舰队防御系统带来了挑战。

现代反舰导弹具有高速、高机动的特点。其平台可以低空飞行,同时利用精密的制导子系统作远距离飞行。其飞行高度可以低于舰队的防御系统以及传感器的作用高度,期间周期性的向上爬升到地平线以上搜集数据,更新它的制导及目标信息,随后拉低高度继续以掠海高度接近目标。当暴露于动能武器面前时,反舰导弹平台将进行高加速度的机动,可使动能武器的火控算法复杂化。

现代反舰导弹的导引头包含一个或多个复杂的传感器以及多个高速数字信号处理器。这些技术提升的传感器可以是可见光传感器、红外传感器,以及微波传感器。雷达组件技术一直在稳定的提升,如今的顶级雷达是低截获概率(LPI)及单脉冲雷达。低截获概率雷达发射脉冲在时域上较宽,包含编码波形调制,具有超低峰值能量。战斗群难以探测到这样的雷达,特别是在其自身复杂的雷达环境下。现代低截获概率雷达利用 12 ~ 14 位的模数转换器(ADC)获得精确的数字化数据。这样的宽动态范围加上自动增益控制电路使对手很难产生足够高的能量来阻塞传感器。典型的雷达传感器采用两个或多个相参雷达接收机来进行极高灵敏度和精确度的目标探测以及测角测距。低截获概率雷达具有极灵敏的目标探测能力,以及更精确的定位能力,并且对抗电子攻击的能力大幅度提升[1,8]。

反舰导弹雷达传感器的演化已经发展到了从根本上颠覆电子战基础方法的阶段。传统电子攻击以利用传感器缺陷为主,而现代电子战是一场实实在在的信息战,包括信息的利用和控制[1]。自主化威胁采用的现代化传感器具有目标探测、定位以及识别等功能。反舰导弹传感器灵敏度的增加使其已经可以探测视野范围内的全部目标。传感器会探测到其视野内的所有舰船以及一切假目标(包含无源诱饵以及有源诱饵)。传感器可以同时精确地对所有这些目标进行位置测量和特征信息提取。利用更大的存储空间以及尖端的数字处理器,可对所有数据进行实时处理。

现代雷达可以对所有目标进行探测,并且对多个目标进行同时监视。电子攻击的目的是诱使反舰导弹传感器从假目标提取制导输入数据,并且不对舰船目标进行跟踪。最初肯定能对抗威胁传感器的电子攻击技术是制造一个高度模拟舰船目标特征的诱饵。现代电子攻击技术的设计思路是一方面隐藏舰船目标特征,另一方面提高舷外诱饵目标的特征模拟能力。简而言之,在现代电子战中,海军电子战装备的目的是使真实目标看起来不像"目标",而诱饵更像"目标"。

由于所有的目标都可以被探测和定位,反舰导弹打击到被选中和跟踪的目标的概率是很高的。电子战作战的唯一问题变成了反舰导弹正确选择目标的概率。无论这个目标是航空母舰还是舰队里的任意其他舰船。为了正确选择目标,(反舰导弹)数字处理器中的算法必须搜索多个舰船目标以及电子攻击产生的假目标的识别特征。这一功能会在各种电子攻击存在的情况下使用,包括存在假目标的时候。为了削弱电子攻击对信息获取带来的不利影响,传感器包含被称为电子防护的对抗措施。

因此,电子攻击可产生使目标无效的输入信号,或者产生虚假的欺骗性输入信号。欺骗技术包括利用电子手段产生假目标或者直接释放一个实际存在的假目标。假目标的例子包括箔条、漂浮或者机载反射器(无源诱饵),以及机载或漂浮的电子假目标回波转发器(有源诱饵),例如"纳尔卡(Nulka)"有源干扰弹。另一个欺骗手段是尝试利用高功率电磁噪声将传感器致盲。如果假目标或者噪声是由某一艘舰船产生的,那么电子攻击系统必须将反舰导弹传感器的跟踪环路引向一个平台外假目标。如果这一目标没有实现,那么反舰导弹传感器最终还是会探测并且瞄准这艘舰船。

现代电子战的第一要务是对抗目标分类。由于电子战对目标分类的欺骗手段主要是平台外假目标,反舰导弹导引头采用的一种电子防护方式是多传感器协同。这迫使电子攻击装备对多个分离的反舰导弹传感器产生协同假目标。例如,假设反舰导弹的主动导引头探测并且定位了一个目标回波和一个诱饵回波。同时,反舰导弹导引头的被动雷达在与其中一个目标相同的方向探测到了舰载雷达发射信号,如图1.12所示。

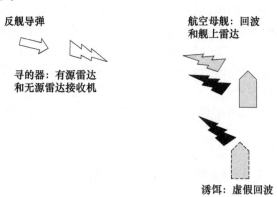

图 1.12　反舰导弹采用复合传感器

现代具有多通道相参接收机的反舰导弹精确雷达传感器可在噪声干扰以及来自舰队的多个假目标背景下提取目标的分类特征。这一数字信息随后由高速高精度的 DSP 进行分析,并采用基于概率的技术判定最优目标。反舰导弹传感器以此获得了明显的技术优势。

反舰导弹的电子防护技术可避免反舰导弹被假目标误导。本书的主要目标是对现代反舰导弹雷达传感器的目标分类能力进行阐述。其目的是使读者具备对基本电子防护技术问题的直观理解。本书介绍了自主传感器中最有效的数字信号处理算法。这些算法可在遭遇电子攻击时快速并且精确地进行目标分类决策。全书通过建立和描述一个简单的数学物理模型来帮助读者理解。

需要说明的是,本书给出的资料对于关注如何使舰船目标更不像舰船目标、或者想要使假目标更像舰船目标的电子攻击研发工程师而言是重要的参考。此外,本书对于关注如何准确搜集反舰导弹传感器电子防护能力信息的情报人员具有重要的指导作用。

本书所述电子攻击技术的重要变化适用于所有现代电子战,不过在海军电子战中尤为明显。基于上述原因,并且考虑到大部分电子战相关出版物主要关注机载电子战,本书全篇都会采用雷达制导自主反舰导弹攻击舰船的案例来进行论述。这在如今非常重要,因为目前的自主反舰导弹具有重要的技术优势。

## 1.2　基本术语及场景模型

本书研究的是一个海军舰队或战斗群向敌方控制区域投送力量的场景。敌方采用自主反舰导弹对舰队进行波次攻击。一个典型的舰队由至少一艘航空母舰及其护卫舰群组成。我们把这些舰船称为目标。首要目标还是被称为高价值目标的航空母舰,尽管护卫舰也具有一定射程的武器发射能力,但它们的主要任务是保护航空母舰。

许多国家对反舰导弹进行了 60 多年的持续研发和升级。我们把反舰导弹称为(舰队的)威胁。它可以从陆地、空中、海面平台以及潜艇平台发射,可从舰队近距离处或者一定距离外发射。采用现代制导系统的反舰导弹在必要的情况下可经由多个航路点飞至舰船目标。预期是采用多个波次的反舰导弹群在一段较长的持续时间内从多个方向对舰队进行攻击。这些反舰导弹会采用多种不同的飞行路线及传感器配置。俯冲的反舰导弹具有一个优点,即只会攻击海面目标,如果估计的目标位置高于海面或在水面下,那么它显然是一个假目标。

本书讨论的威胁主要以掠海反舰导弹为例。这使任务基本上被简化为一个二维问题。这样的简化对反舰导弹目标分类任务没有太大影响。在距目标 20km处,掠海反舰导弹会进行典型的机动,爬升到传感器视线以上对目标进行快速再截

获，然后开始末段攻击。

反舰导弹导引头采用一个或多个传感器来搜集信息，并提供给反舰导弹制导子系统，以将反舰导弹引导至选中的目标舰船。导引头的作用是对期望目标进行探测和分类，同时为反舰导弹制导系统提供目标位置估计信息。反舰导弹传感器包含无线电、红外、光学以及多种传感器的综合应用（多传感器导引头）。反舰导弹的传感器系统还包含一个高度计。本书讨论的反舰导弹导引头是相参脉冲多普勒雷达。

反舰导弹在改进的传感器的帮助下能够发现舰船目标，并且自动给出精确的制导信息。单个反舰导弹可攻击航空母舰、护卫舰，或者任一合适的舰船目标。目的是削弱战斗群的战斗力，以及舰队的整体防御能力。

舰船的防御系统由多种武器协同构成，包括实施硬杀伤的动能武器以及软杀伤的非动能武器。动能武器包括以"拉姆"导弹为例的各类反导导弹以及以近防武器系统为例的枪炮。这些武器会破坏来袭威胁的平台完整性。所以动能武器的目标是以物理损坏反舰导弹的方式使其偏离弹道或失去感知能力。

本节讨论的重点是非动能武器或电子战。非动能武器攻击导引头的传感器，这是一种电子攻击。过去采用的经典雷达反舰导弹导引头如今已被替换为采用射频硬件进行多通道接收，并采集相参数据注入快速高效 DSP 进行处理的系统。利用现有的雷达技术，现代反舰导弹传感器可以进行多目标的探测及精确定位，并采用先进的 DSP 技术对潜在目标进行持续的目标特征分析。

反舰导弹上的现代雷达传感器的信息搜集能力以及高速数字信号处理器使电子战的重点发生了显著变化。导弹制导雷达工程师正在研究电子防护，即基于目标特征提取和分析的目标分类与识别。这些实用的数字化电子防护技术的应用使现代雷达传感器能在快速可靠识别正确目标的同时搜集非常精确的制导信息。这一传感器上的进步使现有的电子攻击技术过时，同时使自主威胁具有了前所未有的战术优势。这一重要的变化适用于所有现代电子战，但是在海军电子战中尤为明显。本书使用的专业术语见表1.1。

表 1.1　专业术语表

| 术语 | 说明 |
| --- | --- |
| 目标 | 舰船 |
| 首要目标 | 高价值目标（航空母舰） |
| 武器 | 电子攻击设备 |
| | 舰上电子攻击设备 |
| | 舷外电子攻击（如诱饵）设备 |
| | 动能武器（如近防武器系统、"拉姆"导弹） |

（续）

| 术语 | 说明 |
|---|---|
| 威胁 | 反舰导弹 |
| 导引头传感器 | 相参的低截获概率雷达 |

　　非动能武器攻击威胁传感器的方式是试图通过在航空母舰或其他舰船的回波中叠加信号来破坏或掩盖威胁雷达对真实目标信号的分析。电子攻击的目标是向反舰导弹传感器注入信息，降低其选择正确舰船目标的概率，增加其将假目标选为攻击目标的概率。最终目的是使反舰导弹传感器将平台外诱饵选为目标。威胁传感器用于对抗这一电子攻击的措施称为电子防护。如前所述，电子防护是本书探讨的主题之一。

　　动能武器对反舰导弹的对抗效能是根据情报、建模以及测试验证等手段进行估计的。这称为硬杀伤武器的先验杀伤概率。舰队的战斗管理系统利用这一先验概率估计，加上可用武器个数、任务目标、预期战斗进展等因素，来对武器选用和开火时机等问题进行初始决策。通过观察武器使用后的结果来提取实时的效能信息。可通过雷达、红外传感器，或者目视等手段观测拦截效果。这一效能估计结果是硬杀伤的后验或实时杀伤概率。如果评估某一武器拦截成功，则不会再分配其他武器对该反舰导弹进行拦截。如果评估结果是打击不成功，则会分配更多的武器持续地分层次拦截反舰导弹。

　　由于反舰导弹群分波次的攻击可以压制动能武器，并且反舰导弹导引头能够对抗大部分经典电子攻击，因此，舰队防御的电子战必须演化成一个可靠可行的武器系统以作为对动能武器的补充。评估非动能武器对抗反舰导弹的能力也必须基于情报、建模以及测试验证的联合估计。武器火控系统需已知这一非动能武器的先验杀伤概率。舰队战斗管理系统基于先验概率估计、可用武器数量、任务目标和预期的战斗进展等因素来对采用什么武器以及何时开火做出初始决策。通过观察武器使用后的结果提取实时的效能信息。这一有效性估计是软杀伤的后验或实时杀伤概率。如果评估某一武器拦截成功，则不会再分配其他武器进行拦截。如果评估结果是打击不成功，则会分配更多的武器持续地分层次拦截反舰导弹。

　　为了提升防御能力，电子战工程师必须了解反舰导弹的数字处理技术。本书旨在介绍现代反舰导弹雷达传感器常用的目标分类技术，使读者对基本的电子防护技术有一个直观的理解。本书给出了自主传感器遭遇来自常规电子攻击武器的对抗时，目前可采用的最有效的快速精确目标分类 DSP 算法。全书建立和描述了一个简单的数学物理模型来帮助读者理解。

　　软杀伤武器指各种雷达电子攻击系统。电子攻击系统可以在高价值目标平台上或平台外。如果干扰系统不在航空母舰平台上，则可装备在护卫舰或者其他平台上,如无人机或诱饵。干扰系统可以是主动系统或者被动系统。主动干扰系统通过电子手段产生雷达信号。主动电子攻击可以修改它收到的反舰导弹雷达波形,然后再将其发回反舰导弹雷达。干扰系统可以产生假目标信号或者其他的电子攻击信号,比如噪声干扰。被动干扰系统采用各种反射器来形成反舰导弹雷达传感器发射信号的回波。被动干扰的例子包括角反射器以及箔条[1,2,5]。

反舰导弹由几个基本子系统组成。推进系统以及流线型机身使飞行器能够按要求飞行和机动。制导系统产生控制指令以及推进系统指令。本书的各个例子主要讨论掠海(低空飞行)反舰导弹。

导引头包含一个或多个传感器,会对合适的目标进行探测和分类,然后测量感兴趣目标的位置信息,并将其作为制导系统的输入。在本书的例子中,传感器是具有双通道单脉冲接收机、采用多个数字信号处理器的相参低截获概率雷达。导引头的主要组成部分归纳于表1.2。导引头天线必须内置于一个满足空气动力学需求天线罩内。反舰导弹的全流程控制由通用数字信号处理器完成。

表 1.2　反舰导弹导引头的组成

| 相参低截获概率雷达 |
| --- |
| 空气动力学天线罩内的平板单脉冲天线 |
| 多通道接收机 |
| 模数转换器 |
| 多数字信号处理器 |

为了打击目标(如高价值目标),反舰导弹会制定一个计划执行的时间线或事件序列,如图1.13所示。

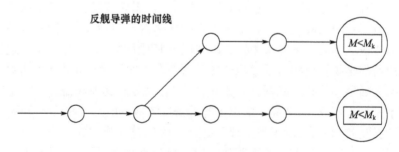

$M$为反舰导弹相对于舰船的脱靶距离
$M_k$为设定的目标

图 1.13　反舰导弹期望的交战时间线

在这个时间线上存在一个或多个节点。武器(电子攻击)的使用会更改反舰导弹的时间线。一般会按照舰队防御者所期望的方式更改。电子攻击的目标是使来袭威胁进入能够降低其能力的事件序列,导致其无法打击舰船目标。这样的时间线序列被定义为武器策略,如图 1.14 所示。

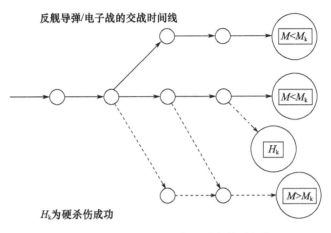

图 1.14　舰队期望的反舰导弹交战时间线

与这个对我方有利的事件序列相关的是战胜来袭威胁的先验概率,又称为电子攻击的杀伤概率。这个概率必须在多种情报的基础上,通过大量建模、仿真以及测试来进行估计。一个简单的舰队防御系统架构如图 1.15 所示,此内容会在第 7章详细讨论。

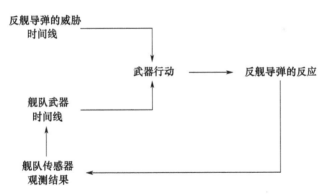

图 1.15　舰队防御系统架构

事件及行动所涉及的时间线有很多,实际发生的时间线决定了真实的来袭威胁能否打击到舰船。在时间线上的每一个节点,舰队都可通过多个传感器获得许多观测结果。这些观测结果用于评估对抗威胁的后验概率或电子攻击有效性的实时概率。这是实际交战的杀伤概率的真实估计。

在一次交战中需要用到的实时评估方法主要分为两种类型。一种是在一个较长的时间段里对反舰导弹的状态进行估计。例如,若经评估发现反舰导弹的弹道没有做机动,就可以估计脱靶距离。另一种评估方法是考察在行动发生时对方状态的变化。比如,如果反舰导弹在跟踪某一艘舰船,它通常会将天线指向该舰船。如果武器作用的目的是让反舰导弹跟踪诱饵,则可能会通过观测结果感知反舰导弹天线指向性的变化,例如检测到天线波束的跳动。

下一节将通过分析单枚反舰导弹对抗单个舰船目标,来帮助读者理解防御过程。其中将采用突袭歼灭概率(PRA)来描述特定策略下多种武器对威胁进行联合对抗的能力。

## 1.3  突袭歼灭概率

为了增加舰队的生存率以及值守时间,美国海军研发了基于突袭歼灭概率的火控算法。突袭歼灭概率定义为一艘可看做是独立舰船的整体系统在作战环境中面对一次特定的反舰导弹突袭时,以一定的概率检测、控制、交战并击败对手的能力。突袭歼灭概率的理想目标是1,即一定能够对抗反舰导弹的突袭。为了简化问题,假设只考虑一种威胁导弹,一种类型的动能武器($K$)(可以进行 $n_K$ 次发射[①]),一种类型的非动能武器(NK)(可以进行 $n_{NK}$ 次攻击),则对一次由 $N_T$ 个同类型威胁形成的突袭歼灭概率为

$$P_{RA} = \{P(D) \cdot P(E \mid D) \cdot [1 - \{1 - P(K \mid E)\}^{n_K} \cdot \{1 - P(NK \mid E)\}^{n_{NK}}]\}^{N_T}$$

$$(1.1)$$

式中:$P(D)$ 为对来袭威胁的检测概率;$P(E \mid D)$ 为相应的与被检测威胁交战的概率。其他概率是在决定接敌的情况下成功击败来袭威胁的概率。突袭歼灭概率是 $0 \sim 1$ 之间的概率值。如果威胁被探测到,并决定与其进行对抗,最后对抗成功(所有 $P$ 值等于1),那么突袭歼灭概率等于1。即,没有反舰导弹威胁能够成功摧毁任何舰船。本书关注的是最后一项概率 $P(NK \mid E)$。

任意一个括号内的数小于1都会导致突袭歼灭概率小于1。同时,随着 $N_T$ 的增加,突袭歼灭概率降低。即更多的威胁加入攻击,会导致突袭歼灭概率(对抗威胁的成功概率)降低。显然,无法探测到威胁将使舰船的存活率降低。如果威胁被检测到,但没有去应战,突袭歼灭概率也会下降。如果反舰导弹采用低截获概率雷达,电子攻击设备就难以探测到雷达的发射信号。由于反舰导弹在靠近的过程中飞行速度

---

①  译者注:为方便阅读,对原书中公式中的一些符号进行了修改,原书的符号"PRA"更改为 $P_{RA}$,"nK"更改为 $n_K$,"nNK"更改为 $n_{NK}$,"NT"更改为 $N_T$。

快并且飞行高度低,舰船在末段之前难以探测到反舰导弹平台。假设舰船探测到了反舰导弹并决定与其交战,即探测概率等于1、交战决策概率等于1。此时

$$P_{RA} = \left\{\left[1 - \left\{1 - P(K|E)\right\}^{n_K} \cdot \left\{1 - P(NK|E)\right\}^{n_{NK}}\right]\right\}^{N_T} \qquad (1.2)$$

舰船防御体系的目标是使突袭歼灭概率尽可能接近1。如果舰船采用了一个防御武器,并且该武器能够绝对有效地击败反舰导弹,那么等号右边的各个概率值中有一个会等于1。如果单独使用任一武器的杀伤概率为1,那么突袭歼灭概率就有期望等于1。考虑对某一类武器的使用,比如动能武器:

$$P_{RA} = \left\{1 - \left\{1 - P(K|E)\right\}^{n_K}\right\}^{N_T} \qquad (1.3)$$

如果该武器的先验杀伤概率 $P(K|E)$ 为0.7,对一个威胁对象($N_T = 1$)进行了一次开火($n_K = 1$),则 PRA = 0.7。然而,如果对一个威胁对象进行了 4 次开火($n_K = 4$),则 $P_{RA} = 0.9919$。虽然对某个威胁对象进行多次开火可以提升存活率,但是会消耗掉用于应对其他威胁对象以及防御后续攻击波次的资源。

假设一个攻击波次包含 4 个威胁对象($N_T = 4$)。如果对每一个威胁对象进行一次开火,则会耗尽 4 个武器资源,突袭歼灭概率为 0.24。同样,增加开火次数可以提升突袭歼灭概率。假设对 4 个威胁对象中的每一个都进行 4 次开火,则需消耗 16 个武器资源,突袭歼灭概率为 0.97。

一旦防御武器资源耗尽,舰队必须补给武器库存或者撤退。这会减少舰队的值守时间,因为为了保护舰队里的船只,必须进行武器补给。

美国海军已经研发了相关算法,用于自动选择武器与战术的组合方式,同时对存活率以及值守时间进行优化。这些算法需要同时掌握动能武器与非动能武器的先验杀伤概率。此外,对两类武器随时间变化的后验杀伤概率的准确估计能够提升存活率。这个后验概率的估计依赖与防御行动有效性相关参数的实时估计。动能武器与非动能武器的混合使用能够提升突袭歼灭概率,但是会消耗资源并且减少值守时间。

沿用上述例子,假设以杀伤概率为 0.7 对 4 个威胁对象各进行一次开火。如上文所述,突袭歼灭概率等于 0.24。如果实时观测结果表明 3 枚反舰导弹被击中,则对这 3 个威胁的后验杀伤概率为 1。假设实时观测结果表明最后一枚反舰导弹没有被击中,为了对它进行攻击,需增加用于攻击反舰导弹的武器。如果另使用了两个武器,则 PRA 变为 0.91。同样,需继续进行测量来实时更新估计结果,直到突袭歼灭概率等于 1。

本书主要关注非动能武器对突袭歼灭概率的贡献。将式(1.2)重写如下:

$$P_{RA} = \left\{\left[1 - \left\{1 - P(K|E)\right\}^{n_K} \cdot \left\{1 - P(NK|E)\right\}^{n_{NK}}\right]\right\}^{N_T} \qquad (1.4)$$

存活率取决于对威胁对象的探测以及是否决定与其交战。对多种动能及非动能武器进行明智的联合使用可以提高存活率。考虑前文的示例,一个动能武器对一个威胁对象的杀伤概率为 0.7,也就是突袭歼灭概率为 0.7。如果改为使用先验

杀伤概率为 0.5 的电子攻击,则突袭歼灭概率为 0.5。然而,如果动能武器和非动能武器联合使用(假设两个武器的使用是相互独立的),则突袭歼灭概率为 0.85,比单独使用任意一种武器都好,如图 1.16 所示。

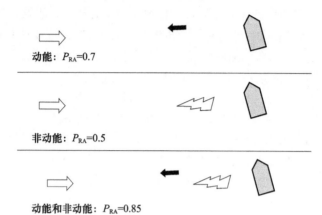

动能:$P_{RA}=0.7$

非动能:$P_{RA}=0.5$

动能和非动能:$P_{RA}=0.85$

图 1.16 简单突袭歼灭概率示例

本书关注的重点是非动能武器的贡献。因此,主要关注的是 $P(\text{NK}|E)$。考虑单个威胁对象($N_T=1$)以及非动能武器的情况,有

$$P_{RA} = 1 - \{1 - P(\text{NK}|E)\}^{n_{NK}} \tag{1.5}$$

此外,假设交战过程中仅使用 1 个武器($n_{NK}=1$),于是有

$$P_{RA} = P(\text{NK}|E) \tag{1.6}$$

对于一个非动能武器的一次开火,上述两个概率是相等的。为了对这个概率进行更详细的研究,需要给出这个概率的表达式。

在 IDECM 项目中[①],有一个表达式被定义为对威胁致命程度的衰减量。对于突袭歼灭概率分析,可以相似的方式定义非动能武器的成功概率。因此,$P(\text{NK}|E)$ 定义为[②]

$$P(\text{NK}|E) = 1 - \left[\frac{P(k|\text{EA})}{P(k|0)}\right] \tag{1.7}$$

式中:$P(k|\text{EA})$ 为反舰导弹在存在电子攻击的场景下战胜舰船的概率;$P(k|0)$ 为反舰导弹在没有电子攻击的场景下战胜舰船的概率。从突袭歼灭概率的定义可以看出,这个表达式描述了对反舰导弹致命程度的衰减量。例如,假设电子攻击对反

---

① 译者注:原书中 IDECM 没有说明,作者理解为 Integrated Defense Electronic Countermeasure,即综合防御电子对抗。

② 译者注:原书为 $[P(\text{NK}|E)]$,译者修改为 $P(\text{NK}|E)$。

舰导弹没有效果。右边的两个概率相等,$P_{RA} = 0$。需指出,这并不意味着舰船会被击沉。$P_{RA} = 0$ 的意思是威胁反舰导弹的突袭没有被衰减,或者电子攻击的使用对于反舰导弹的任务效能没有影响。

现在考虑另一个简单例子,假设场景中有一艘舰船以及一个效果理想的用于模仿舰船的诱饵。同时假设反舰导弹一定会瞄准舰船或者诱饵。设 $P_d$ 为反舰导弹瞄准诱饵的概率,$P_s$ 为反舰导弹瞄准舰船的概率。在上述假设条件下,有

$$1 = P_s + P_d \tag{1.8}$$

反舰导弹在没有遭遇任何防御抵抗的情况下对舰船的杀伤概率是

$$P_{k0} = P(k|0) \tag{1.9}①$$

在采用了诱饵的情况下,反舰导弹对舰船的杀伤概率是反舰导弹瞄准舰船的概率乘以反舰导弹在没有遭遇抵抗情况下对舰船的杀伤概率。由上述简单假设可得

$$P(k|EA) = (1 - P_d) \cdot P(k|0) \tag{1.10}$$

在这个例子里,突袭歼灭概率等于诱饵的有效性,或者说反舰导弹会瞄准诱饵的概率。同样,突袭歼灭概率也是反舰导弹有效性被降低的概率。将该式代入式(1.7)有

$$P_{RA} = P(NK|E) = P_d \tag{1.11}$$

作为最后一个例子,假设先验(或者推测)概率是 $P_d = 0.95$。在检测到反舰导弹时,开启防御体系,施放诱饵,则有 $P_d = 0.95$。在反舰导弹接近的过程中(如图 1.17 所示),假设通过测量发现它的弹道击中舰船的概率为 0.99。此时的后验

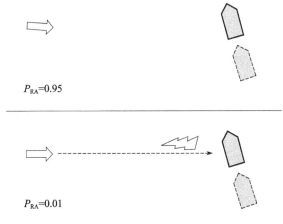

图 1.17  简单突袭歼灭概率例子:只有诱饵

① 译者注:原书中公式等号前面采用的是文字,在翻译过程中译者认为用符号代替更便于阅读,因此对相关公式中涉及的文字均用符号进行了替换。

（或观测）概率是 $P_d = 0.01$，突袭歼灭概率的估计值为 $P_{RA} = 0.01$，如图 1.17 下半部分所示。此时有必要着手准备另一个防御动作，比如使用动能武器。由此可见，在交战过程中持续更新武器有效性的实时概率是非常有必要的。第 7 章将针对这一主题进行深入讨论。

# 1.4 策略案例

本书的讨论中均假设反舰导弹群由低截获概率雷达制导的掠海自主反舰导弹组成。本书重点关注对抗中的电子战部分。舰船防御系统由多种自卫以及护卫系统组成。自卫指平台通过自身搭载的武器进行防御。这些武器的典型代表是转发式电子攻击系统。护卫防御体系是指通过搭载在其他舰船上的武器或者平台外诱饵进行防御。典型的护卫舰电子攻击方式是电子转发式电子攻击。如今平台外的电子攻击系统都是自主的。平台外防御可以是无源诱饵或者有源诱饵（转发器）。无源诱饵可包含角反射器或者箔条。

反舰导弹有一个首选的时间线序列。对多种防御武器的使用是指通过一个或多个电子攻击动作或战术来攻击反舰导弹。这些战术动作的使用序列定义为策略。这些战术动作的目标是将反舰导弹的时间线转变为一个有利于舰船的序列。电子攻击的最终目标是将反舰导弹的导引头引导至一个平台外的假目标，或者至少使反舰导弹不要击中任何目标。平台外假目标是对抗反舰导弹的终极手段。它迫使反舰导弹飞向假目标，从而错过真实目标，如图 1.15 所示。

每一个电子攻击战术动作的目标都是使真实目标不容易被跟踪，或者使平台外的假目标更容易被跟踪。后续章节将详细说明，对可能的防御手段进行混合使用的必要性。平台搭载的电子攻击可以施放一个或多个假目标，也可以释放压制噪声干扰。施放假目标的目的是给反舰导弹传感器提供另一个可供选择的目标。施放电子攻击遮蔽噪声的目的是掩盖真实目标的特征。平台搭载武器施放的假目标的目的是捕获反舰导弹雷达的跟踪门。这是引诱反舰导弹去跟踪一个平台外目标的策略的一部分。

本书以舰船防御体系对抗反舰导弹可采用的三个基本电子攻击防御行动为最简单的例子来说明一些通用的基本原理，必要的时候还会讨论它们的变化。

策略 1 包含航空母舰以及一个诱饵。这是最基本的策略。诱饵可以由无源反射器、有源转发器或箔条组成。策略 1 的目标是捕获反舰导弹导引头的跟踪门，让它落在平台外的假目标上，继而进行检测、分类、定位，如图 1.18 所示。

策略 2 包含航空母舰以及/或者一个采取某种形式的有源电子攻击手段来为航空母舰提供防御的离舰平台。策略 2 涉及反舰导弹导引头跟踪一个舰船目

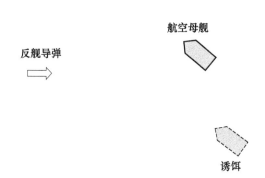

图 1.18　防御策略 1:仅使用诱饵

标的概率。采用一个或多个电子生成假目标来捕获跟踪门,最终将跟踪门从舰船上引至一个平台外假目标(策略 1)。试图通过产生多个假目标来增加场景迷惑性。除了采用一些电子生成假目标对反舰导弹传感器进行电子攻击(平台搭载或平台外电子攻击)以外,场景里可能还存在出现在传感器附近的压制噪声(策略 3)。例如,这一策略可能包含由舰船(航空母舰或者另一艘舰船)释放到航空母舰所在位置的电子箔条。这种情况下,反舰导弹传感器会倾向于放弃航空母舰,因为它表现出来的特征更像箔条而不是航空母舰。策略 2 如图 1.19所示。

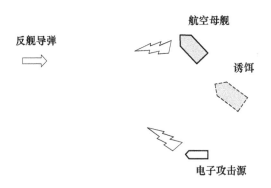

图 1.19　防御策略 2:采用有源电子攻击

策略 3 是通过压制或者隐藏真实目标来防止反舰导弹导引头搜集到任何有用的目标数据。如果一个平台外设备产生了压制噪声干扰,它可以遮住所有目标,将反舰导弹引导至干扰处或者只能进行角度跟踪。如果遮蔽干扰由一艘舰船产生,那么在稍后的交战过程中,必须附加其他手段将反舰导弹诱骗至一个平台外设备。一个完整的场景包含平台搭载的电子攻击和诱饵,前者产生压制干扰和/或多个假目标。这一策略形式如图 1.20 所示。

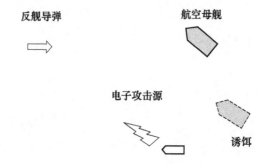

图 1.20　防御策略 3：压制干扰

## 参考文献

［1］ Schleher,D. C. ,*Electronic Warfare in the Information Age*,Norwood,MA:Artech House,1999.

［2］ Van Brunt,L. B. ,*Applied ECM*,Dunn Loring,VA:EW Engineering,Inc. ,1978.

［3］ Shneydor,N. A. ,*Missile Guidance and Pursuit*,Chichester,U. K. :Horwood,1998.

［4］ James,D. A. ,*Radar Homing Guidance for Tactical Missiles*,Hong Kong:MacMillan Education, LTD. ,1986.

［5］ Stimson,G. W. ,*Introduction to Airborne Radar*,El Segundo,CA:Hughes Aircraft Company,1983.

［6］ Wiley,R. G. ,*Electronic Intelligence*:*The Analysis of Radar Signals*,Norwood,MA:Artech House,1993.

［7］ Sherman,S. M. ,and D. K. Barton,*Monopulse Principles and Techniques*,2nd ed. ,Norwood,MA: Artech House,2011.

［8］ Pace,P. E. ,*Detecting and Classifying Low Probability of Intercept Radar*,Norwood,MA:Artech House,2009.

［9］ Stavridis,J. ,*Sea Power*,New York,NY:Penquin Press,2017.

# 第 2 章

# 脉冲多普勒雷达基础

自主反舰导弹雷达导引头的作用是为引导系统提供精确的目标位置测量值，这主要体现了导引头的跟踪功能。切实可行的制导方案可以将反舰导弹可靠地引导到选定的目标。设定信息的各种优先等级，导引头必须首先检测并分离目标的雷达回波，也就是搜索功能。配备了快速数字信号处理器的现代脉冲多普勒雷达能够可靠地检测、跟踪多个目标。这些潜在的目标包括高价值目标、大量其他舰船、各种有源无源假目标以及其他干扰信号，如压制噪声。因此，导引头的重要功能是目标分类和识别。为了实现识别功能，需要依托多个高速数字信号处理器测量、分析各种潜在目标回波信号的特征。经过多年研究，工程师开发了大量存在干扰或电子攻击的情况下能够可靠、快速识别正确目标的算法。

为了更好地理解这些快速、实用的分类算法，首先要理解雷达传感器的基础。简单来讲，脉冲多普勒雷达发射一串已知特征的电磁辐射脉冲。每一个脉冲遇到各种物体后会产生反射。这些反射脉冲，混杂着干扰系统的能量被雷达接收。接收到的叠加了噪声的信号经传感器处理，转换为数字信号。从这些数字信号中提取的信息用于识别需要的目标，估计出引导反舰导弹打击目标的特征参数。鉴于舰船试图遮蔽反舰导弹导引头传感器的目标，或采用其他方式欺骗导引头。因此传感器采用了电子防护技术以应对这些电子攻击行为。通过实用、快速的 DSP，除了可以实现标准的雷达处理外，还使现代反舰导弹传感器的电子防护技术得以实现。这些电子防护技术是本书的重点内容。

在探究这些现代电子防护技术前，工程师需要对反舰导弹雷达传感器有基本的了解。非常幸运，业内有大量优秀的著作介绍脉冲多普勒雷达。本书总结了脉冲多普勒雷达的基本特点，以备后续使用。

2.1 节介绍了简单的射频脉冲。为了理解脉冲信号接收机，介绍了匹配滤波器、载频、复相位以及相参雷达信号等概念。理解现代反舰导弹雷达传感器采用的相参技术、DSP 技术是非常重要的。

2.2 节简要介绍了数字信号处理增益。详细描述了相参处理增益和非相参处理增益之间的区别。作为区别两者的重要示例，我们进一步阐述了雷达脉冲压缩的概念。这有益于工程师理解现代低截获概率雷达采用大时频宽度脉冲的意义。而后通过简单的数学分析,给出了天线波束形成的概念与作用距离以及其他匹配滤波概念之间的关系。

2.3 节介绍了接收机动态范围和模数转换器。模数转换器是连接雷达模拟处理和数字处理的桥梁。高位宽的现代模数转换器使反舰导弹传感器处理器很难饱和。

2.4 节介绍了传感器的其他几个特点,包括天线及其极化、多普勒处理。其中天线与多普勒处理都是相参增益的示例。本节详细描述了单脉冲测角的概念。基于本章的基础推导了简单的反舰导弹数字雷达数据的数学模型,以用于说明各种类别的电子防护算法。采用这种方式,工程师能够对反舰导弹导引头如何拒止典型的电子攻击技术产生直观的感觉。

## 2.1 电磁脉冲

多年以前,麦克斯韦证明了电磁辐射由相互正交的振荡电场和磁场产生,且电磁辐射以光速传播。两个场垂直于能量运动的方向。作为示例,图 2.1 展示了沿 $x$ 轴振荡的电场和沿 $y$ 轴振荡的磁场,电磁辐射沿着 $z$ 轴以光速传播。因为电磁场的方向与传播方向横切,所以电磁传播是一种横波。

在空间原点的振荡电场的时域表达式为

$$\overline{e(t)} = E_0 \, \hat{x} \cos(2\pi f_0 t) \tag{2.1}$$

式中:$E_0$ 为电场的幅值,方向沿 $x$ 轴,振荡频率为 $f_0$。该电磁波为沿 $x$ 轴的线极化,或叫垂直极化。沿 $z$ 轴传播的电场,可以在 $x$ 轴和 $y$ 轴有独立的分量。对场强幅值为 $E_0$ 的电磁辐射,麦克斯韦方程更通用的电场表达式可写为

$$\overline{e(t)} = E_0 \{ \hat{x} \cdot a \cdot \cos(2\pi f_0 t) + \hat{y} \cdot b \cdot \cos[(2\pi (f_0 t + \varphi))] \} \tag{2.2}$$

$$\overline{1} = a^2 + b^2 \tag{2.3}$$

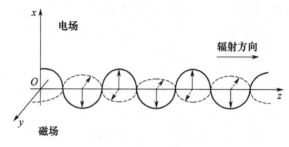

图 2.1 简单电磁辐射

参数 $a$ 和 $b$ 分别定义了 $x$ 和 $y$ 轴分量的幅值。$\varphi$ 定义了两个分量间的相对相位。辐射的极化方向定义为从 $z$ 正半轴观察到的电场矢量方向(电磁场前进的方向看)。一般的极化是椭圆极化。图 2.2 给出了一些特殊极化示例。极化可表示为二维矢量,更详尽的极化介绍请参考文献[3]。

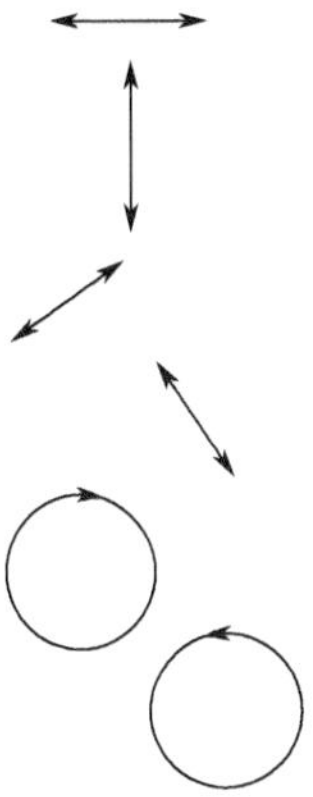

| 电场 | $a$ | $b$ | $\varphi$ | 极化 |
|---|---|---|---|---|
| | 0 | 1 | — | 水平线极化 |
| | 1 | 0 | — | 垂直线极化 |
| | $\sqrt{2}/2$ | $\sqrt{2}/2$ | 1/2 | 右斜极化 |
| | $\sqrt{2}/2$ | $\sqrt{2}/2$ | 0 | 左斜极化 |
| | $\sqrt{2}/2$ | $\sqrt{2}/2$ | 1/4 | 左旋圆极化 |
| | $\sqrt{2}/2$ | $\sqrt{2}/2$ | −1/4 | 右旋圆极化 |

图 2.2　极化形式示例

忽略极化,式(2.1)中空间原点处的电场幅度随时间的变化可采用欧拉公式表达为复数形式,即

$$e(t) = \frac{E_0}{2}\left[ e^{2\pi i f_0 t} + e^{-2\pi i f_0 t} \right] \tag{2.4}$$

频率可以理解为信号频谱的特征。信号频谱代表了通过连续傅里叶变换后的频域空间的信号[4]。对于给定的时变函数 $s(t)$,它的频域表达式 $S(f)$ 为

$$S(f) = \int e^{-2\pi i f t} s(t)\,\mathrm{d}t \tag{2.5}$$

逆傅里叶变换表达式为

$$s(t) = \int e^{2\pi i f t} S(f)\,\mathrm{d}f \tag{2.6}$$

假定函数具备一定的平滑属性,将式(2.5)代入式(2.6),可以证明:

$$s(t) = \int e^{2\pi i f t}\left[ \int e^{-2\pi i f t'} s(t')\,\mathrm{d}t' \right]\mathrm{d}f \tag{2.7}$$

$$s(t) = \left\{ \int s(t')\,\mathrm{d}t'\left[ \int e^{-2\pi i f(t-t')}\,\mathrm{d}f \right] \right\} = s(t) \tag{2.8}$$

最后一个括号中的表达式为狄拉克函数 $\delta[2\pi f(t-t')]$,也可称为冲激函数。

冲激函数除了在 0 点为无穷大外,其他位置的值都为 0。$\delta$ 函数作用下的任意函数的积分等于该函数在 0 点的值。

采用 $\delta$ 函数表征式(2.4)中的简单电场,则信号在正频率和负频率上均有频谱能量存在,如图 2.3 所示。

$$E(f) = \frac{E_0}{2}\delta(f-f_0) + \frac{E_0}{2}\delta(f+f_0) \tag{2.9}$$

式(2.9)描述了假定源在 $z$ 轴 0 点时的辐射电场。沿着 $z$ 轴方向,在距离 $R$ 处的电场为

$$e(t,R) = E_0\cos\left(\left[2\pi f_0\right]t - \frac{2\pi}{\lambda_0}R\right) \tag{2.10}$$

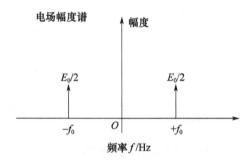

图 2.3　简单电场频谱

$$e(t,R) = E_0\cos(\omega_0 t - k_0 R) \tag{2.11}$$

$$\omega_0 = 2\pi f_0 \tag{2.12}$$

$$k_0 = \frac{2\pi}{\lambda_0} \tag{2.13}$$

$$c = \frac{\omega_0}{k_0} = f_0 \cdot \lambda_0 \tag{2.14}$$

式中:$c$ 为光速;$\lambda_0$ 为电场波长,频率代表在某个特定的位置点上单位时间(如秒)内振荡的次数。同样,波长代表特定时间内每个振荡传播的距离(如米)。距离为 $R$ 处的电场表达式与原点处除了有一个相位偏移外,其他都是相同的。

雷达频率从几兆赫兹到几十吉赫兹。光速为 $3 \times 10^8 \text{m/s}$。雷达波长从几百米到几毫米。虽然其他频率也被使用,但目前典型的反舰导弹雷达选用 X、Ku 或毫米波波段。考虑到 X 波段的水蒸气穿透能力以及元器件尺寸大小带来的便利性,大部分反舰导弹脉冲多普勒雷达选用 X 波段。X 波段波长为几厘米。这也是常见的雷达应用频段,如气象雷达。因此,在该频段,经常会与许多电磁辐射系统产生冲突,影响舰船防御传感器。表 2.1 给出了常用的雷达频率名称。

表 2.1　典型的雷达频率

| 频段 | 典型频率范围 | 反舰导弹传感器 |
|------|------------|--------------|
| HF | 3~30MHz | — |
| VHF | 30~300MHz | — |
| L | 1~2MHz | — |
| S | 2~4GHz | — |
| C | 4~8GHz | — |
| X | 8~12.5GHz | 有 |
| Ku | 12.5~18GHz | 有 |
| K | 18~27GHz | — |
| Ka | 27~40GHz | — |
| Mm | 40~300GHz | 有 |

典型的反舰导弹雷达有一个能够精确产生不同频率信号的设备。该设备为系统提供参考时钟。相对于射频而言,该基准信号为低频信号。工程师采用各种雷达组件将此频率转换到期望的频率位置。例如,这个基准信号可与其他信号混频,如本振信号等,产生一个包含和频和差频的信号。该信号经过带通滤波器分离出其中一个频率分量。重复该步骤,就可将信号上变到需要的雷达频率。虽然这些器件为非线性器件,但是变频结果仍然可以按照线性频率偏移来理解。例如假定信号初始频率为 $f$。该信号可与其他信号混频,并滤除不需要的频率,进而实现上变频,如图 2.4 所示。

$$\cos(2\pi f_{\mathrm{LO}} t) \cdot \cos(2\pi f t) = \frac{1}{2}\left\{ \cos\left[2\pi(f_{\mathrm{LO}}+f)t\right] + \cos\left[2\pi(f_{\mathrm{LO}}-f)t\right] \right\} \quad (2.15)$$

信号源和其他雷达发射组件可在需要的频点发射具备一定电磁参数和能量的信号。放大器将该信号放大到需要的幅度。而后信号被耦合进天线,并从导引头辐射出去。天线负责将电子器件产生的信号发射到空气中(后续将会详细介绍天线)。此外,天线的配置方式决定了辐射的极化形式。典型反舰导弹峰值功率为几百瓦量级。

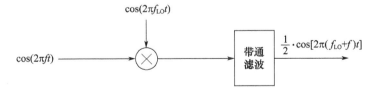

图 2.4　雷达混频器模型

如上所示,发射机产生连续波(CW)能量。假定发射过程被开关控制,则一组特定间隔和脉宽的脉冲串就可以通过天线辐射出去。图2.5 给出了连续波雷达和脉冲雷达发射系统的简化示意图。

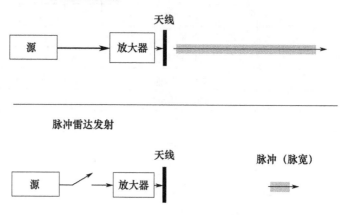

图2.5　简单雷达发射系统

开关的作用是约束信号的发射时间。这一过程的标准术语为用窗函数对连续波信号进行截断,即连续波信号与宽度为 $P_W$ 的矩形窗函数 $w(t)$ 相乘

$$w(t) = \frac{1}{P_W} \qquad |t| \leqslant \frac{P_W}{2} \tag{2.16}$$

$$w(t) = 0 \qquad |t| > \frac{P_W}{2} \tag{2.17}$$

采用式(2.5)对矩形窗函数进行傅里叶变换,可得到其频谱为典型的 sinc 函数形式,如图2.6 所示。

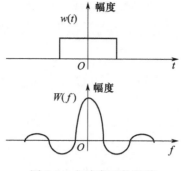

图2.6　方波窗函数频谱

$$W(f) = \int e^{-2\pi ift} w(t) \, dt \tag{2.18}$$

$$W(f) = \frac{\sin(\pi f P_{\mathrm{W}})}{\pi f P_{\mathrm{W}}} \tag{2.19}$$

脉冲信号频谱的旁瓣可以通过修改窗函数进行抑制。这就是常讲的对信号或窗函数乘以一个加权函数。而采用这种方式抑制旁瓣通常会引起主瓣展宽、峰值幅度降低。

发射脉冲信号的表达式为(忽略极化)

$$s(t) = e(t) \cdot w(t) = E_0 \cos(2\pi f_0 t) \cdot w(t) \tag{2.20}$$

两个函数乘积的傅里叶变换等于两个函数傅里叶变换的卷积,因此脉冲信号的频谱为

$$S(f) = \int e^{-2\pi ift} e(t) \cdot w(t) \, dt = \int E(f - f') \cdot W(f') \, df' \tag{2.21}$$

信号的频谱可由图 2.7 定性表示。

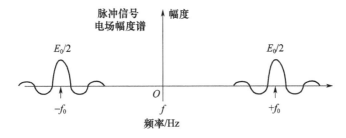

图 2.7　发射电磁脉冲的频谱示意

$S(f)$ 函数表征了信号的幅度谱。信号的自相关函数对应功率谱。时间相关函数的定义为

$$C'(\tau) = \int s(t + \tau) \cdot s^*(t) \, dt \tag{2.22}$$

根据式(2.21)以及参考文献[1-2],可以得到 $s(t)$ 的时间自相关函数与功率谱的傅里叶变换有以下关系:

$$C'(\tau) = \int \left[ |S(f)| \right]^2 e^{2\pi if\tau} \, df = \int P(f) e^{2\pi if\tau} \, df \tag{2.23}$$

$$P(f) = \left[ |S(f)| \right]^2 \tag{2.24}$$

对于典型形状的功率谱,带宽 $B_{\mathrm{W}}$ 是半功率点之间的频率宽度。自相关函数在 0 点的值为信号总能量,即

$$C'(0) = \int P(f) \, df = \int \left[ |s(t)| \right]^2 \, dt \tag{2.25}$$

该相关函数可按以下典型方式,以 $\tau = 0$ 处值为参考,归一化到 1,即

$$C(\tau) = \frac{C'(\tau)}{C'(0)} \tag{2.26}$$

$$C(0) = 1 \tag{2.27}$$

由式(2.22)可知,当偏移函数与参考函数越相似,相关函数的值越大。当超过去相关时间 $\tau_0$ 后,归一化相关函数的值将小于特定值。该状态称之为去相关。在这种情况下,偏移函数与参考函数不再相似。通过分析相关函数可知,去相关时间越小,相应的功率谱带宽越大。对于简单的矩形窗截断的正弦脉冲,去相关时间为

$$\tau_0 = \frac{1}{B_W} \tag{2.28}$$

图 2.8 给出了幅度谱、功率谱、信号带宽和相关时间的关系。

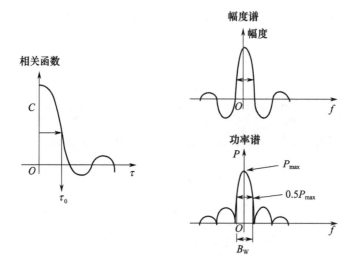

图 2.8　相关函数及其幅度谱、功率谱

举一个简单的例子,假设:

$$P(f) = P_0 \qquad |f| < \frac{B_W}{2} \tag{2.29}$$

$$P(f) = 0 \qquad |f| > \frac{B_W}{2} \tag{2.30}$$

则

$$C(\tau) = \mathrm{sinc}(\pi B_W \tau) \tag{2.31}$$

在示例中,相关函数的第一个零点位置为

$$\tau = \frac{1}{B_W} \tag{2.32}$$

图 2.9 给出了示例中的相关函数。图的上面部分为窄带信号的相关函数与功率谱。图的下面部分对应宽带信号的功率谱。正如相关函数及式(2.31)所示,该信号有更短的相关时间。

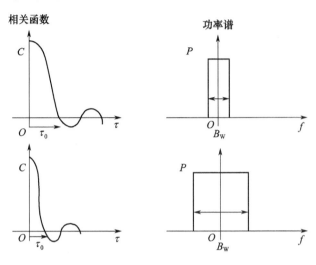

图 2.9　简单函数的相关函数与功率谱

再次分析相关函数表达式(2.23)。将函数的指数项进行序列展开,并取前几项进行近似可得

$$C'(\tau) = \int P(f) e^{2\pi i f \tau} \mathrm{d}f \approx \int P(f) \cdot (1 + 2\pi i f \tau - 2\pi^2 \tau^2 f^2) \cdot \mathrm{d}f \quad (2.33)$$

该式反映了相关函数与总功率以及功率谱的一阶矩和二阶矩的关系。虚部与频率均值有关,实部与频谱带宽有关。

$$C'(\tau) = C'(0) \cdot (1 - 2\pi^2 \tau^2 \overline{f^2} + i 2\pi\tau \overline{f}) \quad (2.34)$$

$$C(\tau) = (1 - 2\pi^2 \tau^2 \overline{f^2}) + i 2\pi\tau \overline{f} \quad (2.35)$$

对应式(2.29)和式(2.30)表达的频谱,式(2.31)可近似为

$$C(\tau) = \mathrm{sinc}(\pi B_W \tau) \approx 1 - \left(\frac{\pi^2}{3 \cdot 2}\right) \cdot (B_W \cdot \tau)^2 \quad (2.36)$$

对于另一个示例,考虑图 2.10 所示的简单频谱。

$$P(f) = P_0 \cdot \left(1 + \frac{f}{B_W}\right) \qquad -B_W < f < 0 \quad (2.37)$$

$$P(f) = P_0 \cdot \left(1 - \frac{f}{B_W}\right) \qquad 0 < f < B_W \quad (2.38)$$

$$P(f) = 0 \qquad |f| > B_W \quad (2.39)$$

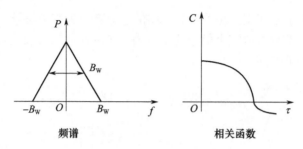

图 2.10 简单频谱

对于较小的相关时间 $\tau$，上述情况下相关函数可近似为

$$C(\tau) \approx 1 - \left(\frac{\pi^2}{3}\right) \cdot (B_{\mathrm{W}} \cdot \tau)^2 \tag{2.40}$$

在本书后续的电子防护分析中，归一化相关函数的 Lag – 1 值[1]是个有用的参量。它是归一化相关函数在单位采样时间（例如一次相参处理间隔或脉冲重复周期）处的值。设

$$T = \frac{1}{f_s} \tag{2.41}[2]$$

$$V_{\mathrm{L}-1} = C(\tau) \tag{2.42}[3]$$

式中：$f_s$ 为采样频率；$V_{\mathrm{L}-1}$ 为延迟 1 的相关函数值。

下面给出归一化相关函数 $V_{\mathrm{L}-1}$ 简单而实用的近似计算方式。对以 $n$ 为序号的离散时间采样序列，定义下列表达式：

$$M_0 = \frac{1}{N} \sum s_n \tag{2.43}$$

$$S_0 = \frac{1}{N} \sum s_n \cdot s_n \tag{2.44}$$

$$S_1 = \frac{1}{N} \sum s_n \cdot s_{n+1} \tag{2.45}$$

对每个新样本 $(s_N)$，通过简单的增益为 $g$ 的低通滤波器，可以连续更新这些项的估计值，其中减号下标表示前一时间估计值。

$$M_0 = (1 - g) s_N + g M_{0-} \tag{2.46}$$

$$S_0 = (1 - g) s_N \cdot s_N + g S_{0-} \tag{2.47}$$

$$S_1 = (1 - g) s_N \cdot s_{n+1} + g S_{1-} \tag{2.48}$$

---

① 译者注：本书中的"Lag – 1 值"均代表延迟 1 的值。

② 译者注：原书中该公式的分母为"Sample Rate"，译者将其中符号代替为"s"。

③ 译者注：原书该公式的等号左边为"Lag – 1 Value"，译者将其用符号代替为"$V_{\mathrm{L}-1}$"。

对任意时刻，$V_{L-1}$ 估计值可表示为

$$C(T) = \frac{S_1 - M_0{}^2}{S_0 - M_0{}^2} \tag{2.49}$$

## 2.2　动态距离和增益控制

在空间坐标原点，以 $f_c$ 为载频的电场随时间的表达式为式(2.1)。为方便阅读重述如下。

$$e(t) = E_0 \cos(2\pi f_c t) \tag{2.50}$$

采用欧拉公式，该式可表示为复数形式

$$e(t) = \frac{E_0}{2} \left[ e^{2\pi i f_c t} + e^{-2\pi i f_c t} \right] \tag{2.51}$$

时间函数与其频谱的关系可以通过傅里叶变换和逆变换表示为

$$S(f) = \int e^{-2\pi i f t} s(t) \, dt \tag{2.52}$$

$$s(t) = \int e^{2\pi i f t} S(f) \, df \tag{2.53}$$

利用简单电场表达式和冲激函数，该信号的频谱可写为式(2.54)，如图 2.3 所示。

$$E(f) = \frac{E_0}{2} \delta(f - f_c) + \frac{E_0}{2} \delta(f + f_c) \tag{2.54}$$

假定雷达发射对应图 2.5 和式(2.20)表示的脉冲，即

$$e_T(t) = e(t) \cdot w(t) = E_0 \cos(2\pi f_c t) \cdot w(t) \tag{2.55}$$

因为两个函数乘积的傅里叶变换是两个函数傅里叶变换的卷积，所以脉冲信号的频谱为

$$E_T(f) = \int e^{-2\pi i f t} e(t) \cdot w(t) \, dt = \int E(f - f') \cdot W(f') \, df' \tag{2.56}$$

频谱如图 2.7 所示。为了简便，忽略矩形窗函数考虑更通用的发射脉冲。更一般的发射脉冲要在基本的频率项上增加一个简单的调制相位 $\Psi$。

$$e(t) = E_0 \cos\{2\pi [f_c t + \Psi(t)]\} \tag{2.57}$$

现在假设距离 $R$ 处目标的回波经一段时间延迟后返回传感器天线(位于 $Z = 0$)。延迟时间设为 $\tau$，如图 2.11 所示。

$$\tau = \frac{2R}{c} \qquad (2.58)①$$

$$e_1(t) = A_0\cos\left\{2\pi[f_c t + \Psi(t)] - 2\pi f_c\frac{2R}{c}\right\} \qquad (2.59)$$

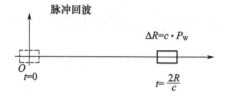

图 2.11　反射脉冲

$$e_1(t) = A_0\cos\{2\pi[f_c t + \Psi(t) - \varphi]\} \qquad (2.60)$$

$$\varphi = \frac{2R}{\lambda_c} \qquad (2.61)$$

当信号由天线进入雷达后,为防止任一接收单元饱和通常首先要进行信号衰减处理。自动增益控制算法根据先验信息,自适应地调整衰减。后续将分步进行多次混频处理,将信号由射频转换到基带。如前所述,混频过程中将采用带通或低通滤波器去除不需要的混频分量(参见式(2.15)和图2.4)。此时,接收到的信号可表示为

$$e_1(t) = A_0\cos\{2\pi[(f_c - f_{LO})t + \Psi(t) - \varphi]\} \qquad (2.62)$$

$$f_0 = f_c - f_{LO} \qquad (2.63)$$

最后,假定该信号被接收机加性白噪声污染。简单模型如下

$$x(t) = A_0\cos\{2\pi[f_0 t + \Psi(t) - \varphi]\} + \sigma_0 n(t) \qquad (2.64)$$

$$\langle n(t)\rangle = 0 \qquad (2.65)②$$

$$\langle n(t)n^*(t')\rangle = \delta(\tau - \tau') \qquad (2.66)$$

利用式(2.64)中的余弦函数,使用和差角公式,则信号部分可以写为

$$s(t) = A_0\{\cos(2\pi f_0 t)\cos\{2\pi[\Psi - \varphi]\} - \sin(2\pi f_0 t)\sin\{2\pi[\Psi - \varphi]\}\} \qquad (2.67)$$

如图2.12所示,该回波信号可通过正交检测器进行分析和表征。

接收信号与特定信号相乘或混频,然后进行低通滤波(或平均)。为了正确解析信号的幅度和相位,要求参考信号的相位与发射信号的相位相关。这就是雷达的相参特性。能够控制脉冲内的相位,则称为脉冲内相参。能够控制多个脉冲间的相位,则称为脉冲间相参。

---

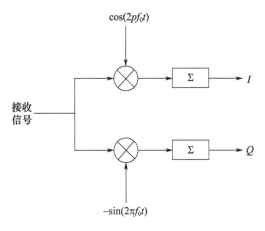

图 2.12  正交检测器

用超过采样时间间隔的低通滤波器,可将射频脉冲信号转换为两路待检测的基带信号。图右侧的第一项与原始信号同相。因此,上路的输出被称为同相分量或 $I$。第二项与原始信号相位相差 $\pi/2$。因此,下路的输出被称为正交分量或 $Q$。这样,检测器输出的信号为

$$I = A_0 \cos\{2\pi[\Psi - \varphi]\} \tag{2.68}$$

$$Q = A_0 \sin\{2\pi[\Psi - \varphi]\} \tag{2.69}$$

根据傅里叶分析,这两项是独立的。因为它们是两个独立的输出,所以它们可以组成一个复信号,表示特定采样时间下输出信号与噪声的和。

$$\text{sample} = I + iQ = A_0 e^{2\pi i(\Psi - \varphi)} + \sigma_0 n' \tag{2.70}$$

在已知接收机特性的情况下,该复数表达式完全描述了接收信号加上接收机噪声的时间样本。至此,该表达式已尽量简化。各部分处理可描述如下:当信号进入接收机时,可能需要对其进行衰减,以防止后面的组件饱和,这可能需要自动增益控制电路。

接收机接下来由多个混频器和带通滤波器组成[3]。在每一级,信号将与参考信号混频,产生和频分量和差频分量。然后通过平均或低通滤波器①,对较高(和)频率分量进行滤波(衰减),只允许较低(差)频率分量通过。图 2.13 为一个单级的简单接收机。

其中组件的有效带宽控制着接收机的噪声能量。该能量通常表示为热噪声密度($kT_0$)乘以接收机带宽和噪声系数。在能量通过接收机的最后部分后,它们被

---

①  译者理解原书的意思是通过取平均达到低通滤波的效果,在这里可以通过低通滤波器或带通滤波器实现对差频的选择。

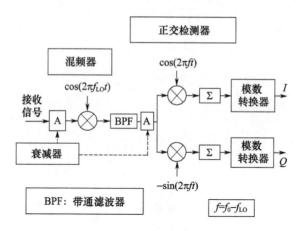

图 2.13　接收机简化表示

积累成 $I$、$Q$ 两个分量,再由模数转换器量化为数字数据。在分离信号之前,可通过另一个衰减器进一步调整噪声电平,以控制正交检波器输出噪声电平。目的是将接收机噪声电平设置在合适的状态,以便模数转换后处理。例如,可以调整数据,使接收机噪声电平仅影响模数转换器中的最低一位或两位。如前所述,用前置的衰减器来防止 $I$ 和 $Q$ 信号形成过程中的各种模拟接收组件饱和,尤其是模数转换器饱和。图 2.14 左侧表示模拟接收机的电平,右侧表示相应的数字电平。

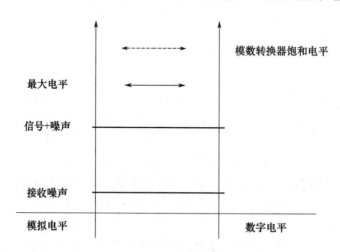

图 2.14　模数转换

　　如上所述,模数转换器生成特定时间采样的数字信号($I$ 和 $Q$),代表了信号和噪声的和。假设能量来自发射脉冲的回波加上干扰,这个采样信号代表了特定距离单元处的可能的反射物体的信息。为了确保信息的保真度,信号必须在模数转换器的

动态范围内。假设模数转换器有 $b$ 比特,则动态范围可以 dB 为单位近似表示为

$$D_R = 10 \cdot \log\left(\frac{P_{max}}{P_{min}}\right) \approx 6b \text{ dB} \tag{2.71}$$

如上所述,可以使用自动增益控制算法来降低数据饱和的可能性。然而由于现代反舰导弹低截获概率雷达的模数转换器通常有 12 比特或更大的位宽,即动态范围优于 72dB。因此,对于设计良好的接收机,可能不需要自动增益控制。但模数转换器必须留出部分位宽以防止信号被截断。关于雷达接收机可参考文献[3-5]。本书的关注点在于雷达接收机后面的数字处理器中应用的数字电子防护技术。

首先,雷达必须检测到目标信号。在传统的雷达中,回波在雷达 A 型显示器上是一个尖峰。在现代反舰导弹雷达中,待检测的是目标信号匹配滤波处理后的结果。对于一个简单的带有噪声的信号:

$$x(t) = a \cdot s(t) + \sigma \cdot n(t) \tag{2.72}$$

其在 $\tau$ 时刻的匹配滤波输出为

$$\chi(\tau) = \int x(t) \cdot h(\tau - t) dt \tag{2.73}$$

从式(2.72)看,输出包括信号和噪声两部分。噪声分量是一个具有零均值、某一方差的统计变量(假设滤波器的比例因子为任意值)。

$$\langle \chi(\tau)\chi^*(\tau') \rangle = \sigma^2 \int h(\tau - t) h^*(\tau' - t) dt \tag{2.74}$$

$$\langle \chi(\tau)\chi^*(\tau') \rangle = \sigma^2 \int e^{2\pi i f(\tau - \tau')} \left[ |H(f)| \right]^2 df \tag{2.75}$$

$$\langle \chi(\tau)\chi^*(\tau') \rangle = \sigma^2 C_h(\tau - \tau') \tag{2.76}$$

考虑回波在 $t_0$ 时刻到达,则信号分量为

$$\chi(t_0) = a \int e^{2\pi i f t_0} S(f) H(f) df \tag{2.77}$$

检测理论表明,最优检测对应于信噪比(SNR)最高的情况。因此,我们希望最大化匹配滤波输出式(2.77)信号分量的幅度平方。施瓦茨不等式为

$$\left[ \left| \int A(f)B(f) df \right| \right]^2 \leq \int \left[ |A(f)| \right]^2 df \int \left[ |B(f)| \right]^2 df \tag{2.78}$$

表达式等号成立的条件是当且仅当下式成立,即

$$B(f) = A^*(f) \tag{2.79}$$

因此,当满足下式时,匹配滤波输出的信号分量的幅度平方可在 $t_0$ 点取得最大值

$$H(f) = e^{-2\pi i f t_0} S^*(f) \tag{2.80}$$

$$h(t) = s^*(t_0 - t) \tag{2.81}$$

将式(2.81)代入式(2.73)可得

$$\chi(\tau) = \int x(t) \cdot s^*[t - (\tau - t_0)] \mathrm{d}t \tag{2.82}$$

$$\chi(\tau) = a \cdot C_s(\tau - t_0) + \chi_n(\tau) \tag{2.83}$$

根据式(2.76)和式(2.83),可以得出匹配滤波器输出的信噪比为

$$\mathrm{SNR} = \frac{a^2}{\sigma^2} \cdot C_s(0) = \frac{a^2}{\sigma^2} \tag{2.84}$$

因此,信噪比或探测能力仅取决于回波总功率,而不依赖于脉冲相位调制的细节。对于低截获概率雷达,这是一个重要的结果。

式(2.82)和式(2.83)可解释为,匹配滤波输出的信号分量是信号电平乘以发射脉冲的归一化自相关函数。该分量在回波延迟时间处取得峰值。匹配滤波器的输出包含加性噪声。前面介绍了其统计特征,其均值为零,方差由式(2.76)给出。该延迟时间对应式(2.58),即目标距离的一个度量。从前面对相关函数的讨论可知,距离分辨能力取决于滤波器的带宽或相应的发射脉冲带宽。

$$\delta R = \frac{c}{2 \cdot B_\mathrm{W}} \tag{2.85}$$

图2.15表示了无相位调制的简单矩形脉冲的发射脉冲和回波。图的下半部分表示该简单脉冲匹配滤波后的信噪比输出。

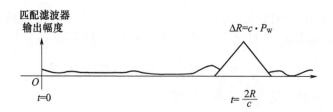

图2.15　反射物的距离

计算连续信号的无限时间积分是不实际的。因此,类比式(2.52)和式(2.53),可定义离散傅里叶变换(DFT)。对于图2.13的接收机,模数转换器以

采样率($S_R$)对式(2.50)的时间序列进行采样,在时间 $T$ 内采集 $N$ 个样本。

$$S_R = \delta t^{-1} \qquad (2.86)①$$

$$N = S_R \cdot T = \frac{T}{\delta t} \qquad (2.87)$$

对时域变量进行离散化表达,可得到 $N$ 个值构成的序列,即

$$e(n) = E_0 \cos(2\pi f_0 \delta t n) = E_0 \cos\left(2\pi f_0 T \frac{n}{N}\right) \qquad (2.88)$$

假设有一个信号与 $e(t)$ 相同,但频率比 $f_0$ 大 $S_R$,可得

$$f = f_0 + S_R \qquad (2.89)$$

$$\tilde{e}(n) = E_0 \cos\left(2\pi f T \frac{n}{N}\right) = E_0 \cos\left[2\pi(f_0 + S_R)\frac{nT}{N}\right] \qquad (2.90)$$

考虑等式变换和式(2.53),可得

$$\tilde{e}(n) = E_0\left[\cos\left(2\pi f_0 T \frac{n}{N}\right)\cos\left(2\pi S_R \frac{nT}{N}\right) - \sin\left(2\pi f_0 T \frac{n}{N}\right)\sin\left(2\pi S_R \frac{nT}{N}\right)\right] \qquad (2.91)$$

$$\tilde{e}(n) = e(n) \qquad (2.92)$$

这个简单结果可以解释为,采样时间序列的频谱表达式按照频率间隔 $S_R$ 重复。因此,计算带宽为 $S_R$ 范围内的频谱值,如 $[0, S_R]$ 或 $[-S_R/2, S_R/2]$ 就足够了。$N$ 个样本的时间序列的 DFT 表达式为[4]

$$S(k) = \sum s(n) e^{\frac{2\pi i k n}{N}} \qquad (2.93)$$

$$n \in [0, N-1] \qquad (2.94)$$

其逆傅里叶变换为

$$s(n) = \frac{1}{N} \sum S(k) e^{\frac{2\pi i k n}{N}} \qquad (2.95)$$

$$k \in [0, N-1] \qquad (2.96)$$

该关系可通过将表达式(2.93)代入式(2.95)来验证,即

$$\frac{1}{N}\sum e^{\frac{2\pi i k(n-n')}{N}} = \frac{1}{N}\sum e^{\frac{\pi i(n-n')(N-1)}{N}} \cdot \frac{\sin(\pi[n-n'])}{\sin\left(\frac{\pi[n-n']}{N}\right)} \begin{cases} = 1 & n = n' \\ = 0 & n \neq n' \end{cases} \qquad (2.97)$$

可以注意到,离散傅里叶变换是定义在 $N$ 个频率点上的,即

$$f = k\frac{S_R}{N} = k\frac{1}{T} \qquad (2.98)$$

---

① 译者注:将原书中"SR"表示的采样率写成带下标的符号"$S_R$",下同。

$N$个频率值的间隔为$1/T$。$N$个频率值对应带宽为$S_R$(见式(2.86))。时间序列是数字化的,并被宽度为$T$的窗函数加权。因此,加窗后时间序列的谱是原时间函数和窗函数谱的卷积。离散傅里叶变换的滤波器响应是带宽为$1/T$的$N$个sinc函数集。每个滤波器的中心均位于其他滤波器的零值处。考虑一个点频复函数的离散傅里叶变换:

$$s(n) = e^{\frac{2\pi i f T n}{N}} \tag{2.99}$$

则DFT的第$k$个滤波结果为

$$S(k) = e^{\frac{\pi i (fT-k)(N-1)}{N}} \cdot \frac{\sin\left[\pi(fT-k)\right]}{\sin\left[\dfrac{\pi(fT-k)}{N}\right]} \tag{2.100}$$

当$k$值接近$fT$时,滤波结果可表示为

$$S(k) \approx e^{\frac{\pi i (fT-k)(N-1)}{N}} \cdot N \cdot \mathrm{sinc}\left[\pi(fT-k)\right] \tag{2.101}$$

对应图2.16。即时间序列的频率中心位于一个离散傅里叶变换滤波器上。

$$fT \approx k_0 \tag{2.102}$$

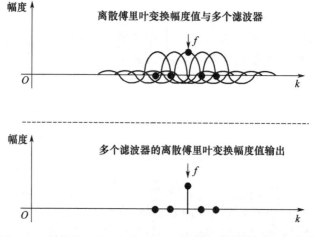

图2.16　频率中心在一个单元的复正弦信号的离散傅里叶变换

图的上半部分表示正弦信号频率的位置以及$k$值接近$fT$的几个相邻滤波器。因为信号频率正好位于一个滤波器的中心位置,所以该滤波器的响应最大,而其他所有滤波器的响应为零。

在图2.17中,信号频率不在滤波器的中心。在这种情况下,由于离散傅里叶变换滤波器的旁瓣,每个滤波器都有一些响应。

此外,由于信号频率与滤波器中心失配,滤波响应的最大值相比时间序列幅度的实际值将有所降低。这种情况下,信号频率和幅值通常通过插值来估计。目前,

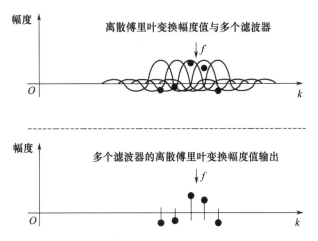

图 2.17　频率中心不在一个单元的复正弦信号的离散傅里叶变换

业内有廉价的包含快速离散傅里叶变换算法的 DSP 处理器可供选择。工程师只需将数据矩阵发送到适当的内存位置,并指定时间序列中的数据样本数,就可以实现离散傅里叶变换。

峰值的降低通常称为离散傅里叶变换滤波器跨单元损耗。一种常见的减少跨单元损耗的方法是为时间序列数组补零。例如,如果通过添加 $N$ 个零使 $N$ 点时间序列的长度增加一倍,则离散傅里叶变换具有 $2N$ 个滤波。由于积分时间仍为 $T$,因此滤波器响应与上文所述完全相同。填充零的效果是在之前的每个滤波器之间放置 $N$ 个附加滤波器,如图 2.18 所示。

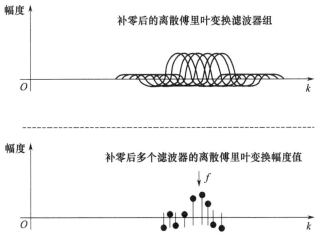

图 2.18　补零离散傅里叶变换的效果

## 2.3 相参增益和非相参增益

工程师必须了解数字处理增益的基本概念。考虑一组含有 $N$ 个相同复数样本的集合：

$$S = \{ s_n \mid s_n = A_0 \mathrm{e}^{2\pi \mathrm{i} \varphi_s} \} \tag{2.103}$$

如果将这些（$N$ 个相同的）样本相加，则得到的变量是一个复常数。该数值及其功率（矢量平方的幅度）为

$$\mathrm{sum\_}s_\mathrm{T} = \sum s_n = N A_0 \mathrm{e}^{2\pi \mathrm{i} \varphi_s} \tag{2.104}$$

$$( \mid \mathrm{sum\_}s_\mathrm{T} \mid )^2 = N^2 A_0^2 \tag{2.105}$$

这就是相参增益的特点。和值的大小随 $N$ 的增加而增大，和值平方的大小随 $N^2$ 的增加而增大。

在本书中，将使用一个简单的噪声样本模型来演示反舰导弹传感器的重要特性。假设噪声样本的幅度固定、相位随机且随 $n$ 变化。

$$\mathrm{NSE} = \{ \mathrm{nse}_n \mid \mathrm{nse}_n = \sigma \mathrm{e}^{2\pi \mathrm{i} \varphi_n} \} \tag{2.106}$$

$N$ 个噪声量的和也是一个随机变量。其期望值和方差（功率）为

$$\langle \mathrm{sum\_}n_\mathrm{T} \rangle = \langle \sum \mathrm{nse}_n \rangle = 0 \tag{2.107}$$

$$\langle ( \mid \mathrm{sum\_}s_\mathrm{T} \mid )^2 \rangle = \langle \sum \mathrm{nse}_n \cdot \sum \mathrm{nse}_n^* \rangle = N \cdot \sigma^2 \tag{2.108}$$

这是非相参增益的特点。和的期望值为零，其功率（方差）相比于单个噪声变量增大至 $N$ 倍，如图 2.19 所示。

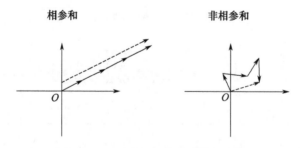

图 2.19　相参增益和非相参增益概念

同理，相参信号的总功率与噪声功率的比值，即信噪比，随样本数 $N$ 的增加而增加：

$$\mathrm{SNR} = \frac{N^2}{N} \cdot \frac{A_0^2}{\sigma^2} = N \cdot \mathrm{SNR}_0 \tag{2.109}$$

表 2.2 总结了相参积累增益和非相参积累的重要性质。

表 2.2 增益特性总结

| | 相参 | 非相参 |
|---|---|---|
| 和的期望 | $N$ | 0 |
| 平方和的期望 | $N^2$ | $N$ |

此时,雷达距离压缩可以理解为多个距离(或时间)样本的相参合成。这是一个选择性滤波,可以大幅提升距离估计能力,但会产生距离旁瓣。如上所述,距离为 $R$ 的目标,发射脉冲的回波到达传感器的时间延迟为

$$\tau = \frac{2R}{c} \tag{2.110}$$

众所周知,距离分辨率与脉冲信号的带宽有关。具体公式表述为

$$\delta R = \frac{c}{2 \cdot B_{\mathrm{W}}} \tag{2.111}$$

该表达式揭示了相参雷达或低截获概率雷达的一个显著优势。对于简单脉冲,$B_{\mathrm{W}}$ 是 $P_{\mathrm{W}}$ 的倒数($B_{\mathrm{W}} = 1/P_{\mathrm{W}}$)。因此,要获得最佳的距离分辨率,则需要最窄的脉冲。然而,目标探测威力取决于接收到的回波能量。这需要发射更多的脉冲能量。为了在脉冲中传输更多的能量,需要在窄脉冲信号中采用高峰值功率,这也使得舰船更容易检测到反舰导弹雷达导引头的信号。对于简单脉冲而言,存在两个相矛盾的要求:为保证更容易检测目标,需要采用非常高的发射能量,即采用更宽(时域)的脉冲;为了提升距离分辨率,需要采用较窄的脉冲。

假设发射脉冲是由 $J$ 个子脉冲构成的连续时间序列。子脉冲具备极窄脉宽($P_{\mathrm{W}J}$)和低峰值功率。因此,每个子脉冲都有很好的距离分辨率,但探测能力很弱。考虑到每个子脉冲回波相对于其发射子脉冲的时间延迟量是相同的。如果每个发射脉冲的初始相位被编码,则每个子脉冲回波将包含该编码相位。假设数字样本按照距离采样,采样率对应子脉冲距离分辨率。各个子脉冲(指定子脉冲序号为 $j$)通过正交检波器后,得到的 $J$ 个连续时间样本。每个样本相对于每个子脉冲的发射时间的距离位置相同。

$$I_j + \mathrm{i}Q_j = \mathrm{e}^{2\pi\mathrm{i}\varphi_j} \cdot A_0 \mathrm{e}^{2\pi\mathrm{i}\varphi_s} \tag{2.112}$$

由于雷达处理器已知相位编码方式,就可以使用距离匹配滤波。信号匹配滤波器是发射脉冲的相位编码。匹配滤波器包含 $J$ 个单元:

$$h(-t) = s^*(t) = \left\{ \mathrm{e}^{-2\pi\mathrm{i}\varphi_j} \,\middle|\, j = 0, J-1 \right\} \tag{2.113}$$

匹配滤波的过程是将每个子脉冲样本乘以该已知滤波器,然后对序号为 $j$ 的子脉冲进行相参叠加。距离样本的相参和为

$$R_{\mathrm{S}} = \sum \mathrm{e}^{-2\pi\mathrm{i}\varphi_j} \cdot (I_j + \mathrm{i}Q_j) = J \cdot A_0 \mathrm{e}^{2\pi\mathrm{i}\varphi_s} \tag{2.114}$$

通过发送调制(或编码)的宽脉冲,可以获取极窄脉冲对应的距离分辨率,同时可以通过距离样本的相参累积增加总能量。这就是脉冲压缩[5-7]的低截获概率概念。

$$P_W = J \cdot P_{WJ} \tag{2.115}$$

$$\delta R = c \cdot \frac{P_{WJ}}{2} \tag{2.116}$$

$$能量(Energy) = J \cdot A_0 \tag{2.117}$$

$$功率(Power) = J^2 \cdot A_0^2 \tag{2.118}$$

这也使得采用一个低峰值能量、宽脉宽的脉冲可以实现高信噪比的匹配滤波器的输出,同时具有良好的距离分辨率。这是一种强大的电子防护技术。下面详细介绍了这种距离压缩技术的实例。图 2.20 的上半部分展示了接收到的简单回波脉冲。图的下半部分展示了匹配滤波的峰值和几个滤波旁瓣输出,示意了匹配滤波器的输出原理。脉冲压缩滤波器的有效输出将时间序列样本完全累积为距离样本。

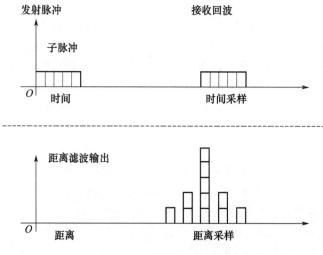

图 2.20　脉冲压缩示意图

这些脉冲压缩技术存在标准滤波器都有的响应问题,包括存在距离旁瓣和跨单元损失。距离旁瓣可以通过选择滤波器窗函数来抑制。如上所述,因为相参特性源于单个脉冲内,所以脉冲压缩技术被认为是利用脉冲内相参的技术。

作为另一个简单的例子,假设发送脉冲包含一个 5 位巴克码。巴克码序列是特殊的编码,所有的旁瓣幅度都是 1。这些编码在文献[7]中有描述。5 个子脉冲与下述序列相乘。

$$+1 \quad +1 \quad +1 \quad -1 \quad +1 \qquad\qquad (2.119)$$

按上文所述,此编码可表示为

$$h(-t) = s^*(t) = \left\{ e^{-2\pi i \varphi_j} \middle| e^{-2\pi i 0}, e^{-2\pi i 0}, e^{-2\pi i 0}, e^{-2\pi i \frac{1}{2}}, e^{-2\pi i 0} \right\} \qquad (2.120)$$

图 2.21 示意了参考时钟信号和调制了 5 位巴克码的发送脉冲。图 2.22 显示了接收到的回波时间样本,下面部分示意了匹配滤波器的输出。

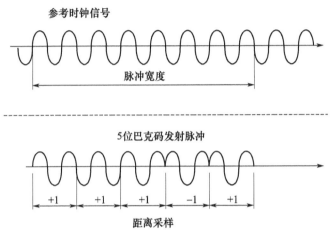

图 2.21　参考时钟信号和巴克编码发射脉冲

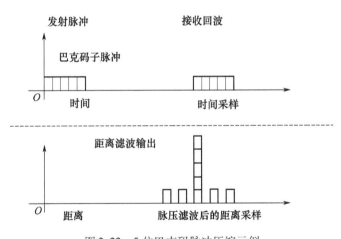

图 2.22　5 位巴克码脉冲压缩示例

发射脉冲的相位可以用任意一种已知的编码来调制,包括随机移相码。工程师可以在多个设计准则中任选一个设计编码[7]。

另一种常见的脉冲压缩编码方式是调频。同样,频率也可以随机变化。但常见的编码方式是线性调频(LFM)。线性调频脉冲信号的相位随时间连续变化,而

非设定的几个离散变化相位。根据式(2.57),考虑以下发射脉冲:

$$e(t) = E_0 \cos\{2\pi[f_c t + \Psi(t)]\} \cdot w(t) \tag{2.121}$$

对于线性调频脉冲,调制相位为

$$\Psi(t) = \frac{mt^2}{2} \tag{2.122}$$

利用瞬时频率是相位对时间导数的这一关系,可以得出线性调频信号的频率随时间呈线性变化。

$$f(t) = f_c + mt \qquad \frac{-P_W}{2} \leqslant t \leqslant \frac{P_W}{2} \tag{2.123}$$

$$f\left(\frac{-P_W}{2}\right) = f_c - \frac{m \cdot P_W}{2} \tag{2.124}$$

$$f\left(\frac{P_W}{2}\right) = f_c + \frac{m \cdot P_W}{2} \tag{2.125}$$

$$B_W = m \cdot P_W \tag{2.126}$$

典型反舰导弹的脉冲宽度为几十微秒。典型带宽为数十兆赫兹,对应于 10 ~ 40 米的距离分辨率。

考虑单个低截获概率脉冲。在脉冲发送后,回波经历了一定的时间返回雷达。该时间对应某一特定距离。从此时开始,一段样本将通过雷达接收机处理,并被模数转换器采样。这段样本涵盖了目标可能存在的最小到最大距离范围。利用相对于发射脉冲时间的计数,这些时间样本可转化为对应的距离样本。假设通过距离压缩处理后得到一个距离样本阵列,其距离分辨率如上所述。对于第二个及后续发射脉冲亦可如此。对于一组脉冲,即可获得一个二维样本阵列。这个二维样本阵列的一维由距离构成,另一维则对应脉冲数或发射脉冲时间。数据阵列如图 2.23 所示。

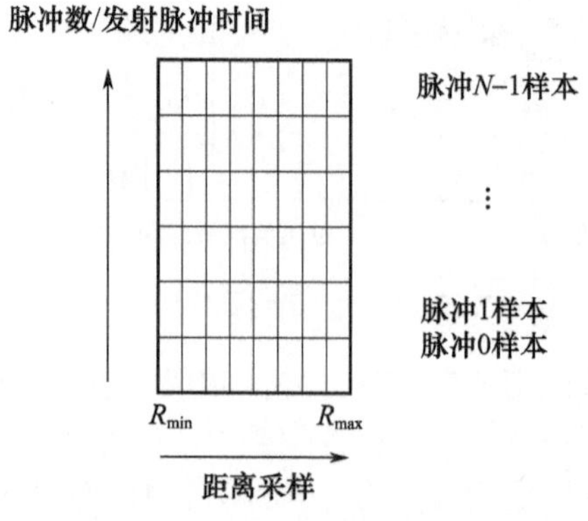

图 2.23　距离与发射脉冲时间二维阵列

## 2.4　天　线

反舰导弹导引头的另一个重要组成部分是天线。天线可将射频脉冲能量从发射机传输到环境中，并将回波的射频能量从环境中转换到接收机。反舰导弹传感器有多种天线，如简单的抛物面反射天线、卡塞格伦反射天线、偶极子平板阵列或多种复合天线。这些天线有多种极化方式，但最常见的反舰导弹导引头天线为线极化。很多著作探讨了雷达天线这个特殊领域。

天线的基本目的是通过形成天线方向图在特定的方向上获得更多的增益。如果电磁波向所有方向均匀辐射，则辐射功率将随以辐射距离 $R$ 为半径的球体面积递减。

$$P(R) = \frac{P_0}{4\pi R^2} \tag{2.127}$$

如果电磁波经目标反射后以相同的方式返回，则回波功率将再次以相同方式降低。设变量 $\sigma$ 为雷达视轴方向的目标反射面积，则回波功率可表示为

$$P_{\text{echo}} = \frac{P_0 \sigma}{(4\pi)^2 R^4} \tag{2.128}$$

采用一个定向天线，则发射波束会被聚焦。天线的有效面积与天线增益的关系为

$$G = \frac{4\pi}{\lambda^2} A_e \tag{2.129}$$

因此，在距离雷达 $R$ 处辐射功率密度以及雷达接收到的反射功率为

$$P(R) = \frac{P_0 G}{4\pi R^2} \tag{2.130}$$

$$P_{\text{echo}} = \frac{P_0 G^2 \lambda^2 \sigma}{(4\pi)^3 R^4} \tag{2.131}$$

反舰导弹导引头天线通常通过相对于弹体的扫描运动，获取特定方向上的增益。在未来，天线可能是电子扫描体制的，但目前大多数导引头天线还是机械扫描的。

反舰导弹导引头天线由于多种原因会进行扫描。在初始捕获模式或在雷达水平面下飞行一段时间后的后续再捕获模式中，天线通常扫描反舰导弹前方较大角度范围，以搜索目标。前面提到，检测性能随着信噪比的增加而提高。一旦选定目标，天线通常会指向感兴趣目标的方向，以便更好地估计制导校正量。测量精度通常随着信噪比的增加而提高。而如果反舰导弹为降低动能武器（反反舰导弹）的效

能而主动进行机动,则可能会主动转向。最后,在跟踪目标时,一些反舰导弹导引头有时会主动缓慢转动天线,以应对可能的电子攻击技术。这就是所谓的边扫描边跟踪。

在本书中,假设天线模型是由偶极子天线组成的二维平板阵列。这种阵列天线方向图由天线设计和建模决定,一般比较复杂。为了理解本书中讲述的天线的一般特征,假设该阵列是由等距偶极子组成的一维天线阵列。对于目标距离远大于天线尺寸的情况,阵列中的每一个偶极子都是一个简单的天线单元。各天线单元可以相参合成以获得更大的增益。由于在阵列中的位置存在差异,每一个阵元信号的相位都会被调制。调制量随着目标相对于孔径视轴角度以及阵列中位置的不同而变化。这形成了一个与上文所述的矩形窗加权下的离散傅里叶变换形式相同的表达式,其中时间采样参数由阵元空间位置替换,而脉冲宽度则由天线尺寸替换。考虑下文的论述内容,此外假设阵列的上半部分和下半部分分别做天线波束形成,如图 2.24 所示。

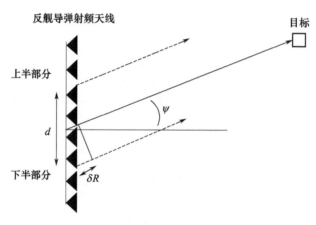

**反舰导弹射频天线**

目标

上半部分

$d$

$\psi$

下半部分

$\delta R$

图 2.24　阵列天线

对位于距离 $R$ 和偏角为 $\Psi$ 的目标回波,其到达某个阵元的路径大于其上方相邻阵元的路径,距离差为

$$\delta R = \delta d \cdot \sin(\Psi) \tag{2.132}$$

令 $\varphi$ 为相对参考距离产生的偏移相位,则图中上面部分天线阵元 $n$ 处的回波可表示为

$$\mathrm{Uper\_Echo}_n = A \cdot \cos\left(2\pi ft - 2\pi\varphi + 2\pi n \frac{\delta R}{\lambda}\right) \tag{2.133}$$

下面部分天线阵元 $n$ 处的回波可表示为

$$\text{Lower\_Echo}_n = A \cdot \cos\left(2\pi ft - 2\pi\varphi - 2\pi n\frac{\delta R}{\lambda}\right) \qquad (2.134)$$

经过接收机处理后,对应阵元中的信号可表达为

$$\text{Upper\_Echo}_n = A \cdot e^{(2\pi ift - 2\pi i\varphi)}\, e^{+2\pi in\frac{\delta R}{\lambda}} \qquad (2.135)$$

$$\text{Lower\_Echo}_n = A \cdot e^{(2\pi ift - 2\pi i\varphi)}\, e^{-2\pi in\frac{\delta R}{\lambda}} \qquad (2.136)$$

每个阵元接收到的信号进入导引头接收子系统,并按照相同的方式进行处理。图 2.24 显示了上下天线之间的间距为 $d$。根据给定的假设,$d$ 是两个子天线的尺寸,并可表示为

$$d = N \cdot \delta d \qquad (2.137)$$

所有天线阵元信号的和为

$$\text{Upper\_Echo}_n = A \cdot e^{(2\pi ift - 2\pi i\varphi)}\, e^{+2\pi i\frac{d\sin\Psi}{\lambda}} \cdot N\text{sinc}\left(\frac{\pi d\sin\Psi}{\lambda}\right) \qquad (2.138)$$

$$\text{Lower\_Echo}_n = A \cdot e^{(2\pi ift - 2\pi i\varphi)}\, e^{-2\pi i\frac{d\sin\Psi}{\lambda}} \cdot N\text{sinc}\left(\frac{\pi d\sin\Psi}{\lambda}\right) \qquad (2.139)$$

通常,将天线子阵的射频信号求和。射频能量在天线中被组合为和与差两种形式。在这种情况下,接收机的总输出为

$$\text{Sum\_Echo}_n = 2 \cdot A \cdot e^{(2\pi ift - 2\pi i\varphi)} \cdot \cos\left(2\pi\frac{d\sin\Psi}{\lambda}\right) \cdot N\text{sinc}\left(\frac{\pi d\sin\Psi}{\lambda}\right) \quad (2.140)$$

$$\text{Delta\_Echo}_n = 2i \cdot A \cdot e^{(2\pi ift - 2\pi i\varphi)} \cdot \sin\left(2\pi\frac{d\sin\Psi}{\lambda}\right) \cdot N\text{sinc}\left(\frac{\pi d\sin\Psi}{\lambda}\right) \quad (2.141)$$

sinc 函数式的方向图具有明显的角度旁瓣。正如在讨论距离滤波器时描述的那样,加权窗函数可应用于天线阵元,通过微调空间间隔和/或幅度增益可修改天线方向图。天线的旁瓣增益可以减少,代价是主瓣增益的少量损失和主瓣波束宽度的少量扩大。

此外,考虑用和天线接收的回波来归一化差天线接收的回波。同时采用小角度近似可得

$$\frac{\text{Delta\_Echo}}{\text{Sum\_Echo}} = i \cdot \tan\left(2\pi\frac{d\sin\Psi}{\lambda}\right) \approx i \cdot 2\pi\frac{d}{\lambda} \cdot \Psi \qquad (2.142)$$

这个比值的虚部与目标偏移视轴的角度成正比。这就是前面讨论的单脉冲测角的基本概念。

假定天线阵由 4 个象限的完全相同的 4 个子天线阵组成。这 4 个子天线阵通常在射频合成 1 个和天线,包括 1 个左天线、1 个右天线、1 个上天线和 1 个下天线。而后 4 个子天线组合形成俯仰差天线和方位差天线。

至此,讨论了天线的接收模式。由于接收机和发射机之间存在隔离,通常使用

与接收相同的天线和波束发送雷达脉冲,以在天线指向方向上获得最大增益。根据互易原理,关于所述的接收天线和天线方向图的一切信息,都适用于发射天线。

对于带喇叭馈源的抛物面反射面天线,天线的极化定义为馈源的极化。该极化即是天线沿天线视轴方向的极化。然而,由于抛物面反射天线的形状,以及麦克斯韦方程的规律约束,将在主极化外产生互补的正交极化分量。图 2.25 给出了典型抛物面天线的主极化发射方向图。图 2.26 给出了简单抛物面天线产生的全极化分量图。在方向图峰值点,正交极化方向图(称为康登波瓣)通常比主极化方向图的峰值弱几十分贝。在理想情况下,交叉极化方向图在主轴方向为零。

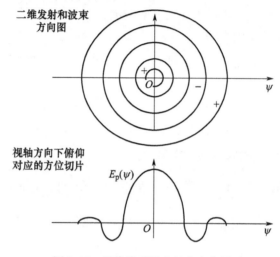

图 2.25　抛物线天线主极化方向图

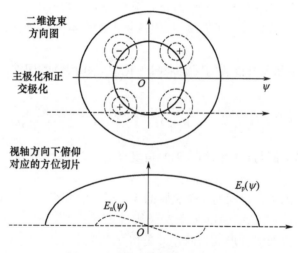

图 2.26　抛物线天线极化方向图

值得特别注意的是,反舰导弹导引头天线必须装入空气动力学形状的介质天线罩内,如图 2.27 所示。如文献[6-9]所述,符合空气动力学的天线罩的极化特性通常与标准抛物面天线相似,甚至与偶极子平板天线阵也相似。在图 2.25 和图 2.26 中,Σ 通道天线方向图(发射和接收)就是通过天线罩作用后看到的结果。主波束包括主极化或平行极化的波束,也包括正交极化的 4 个花瓣状的波瓣。同样,这是几何学、天线罩和麦克斯韦方程共同约束的结果。

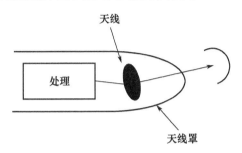

图 2.27　天线罩后的机械扫描天线

为了简单起见,在本书大多数章节中,只考虑方位向的两个天线。假设发射机通过 Σ 天线辐射。射频回波在左右天线中合成。左、右天线的输出通过射频桥合成为 Σ 信号(和信号)和 Δ 信号(差信号)。然后,两个独立的射频回波信号通过相同、独立的雷达接收机进行处理,并生成两个统计独立的数据组。

值得注意的是,在过去几年中,虽然天线硬件有了很大的改善,但很难制造完全相同的射频接收机。因此,通常在发射前几秒钟或飞行中定时运行各种内部校准方案,以测量各种接收机的非一致性支持后续在信号处理中进行精确的数字校正。

## 2.5　多普勒效应

如图 2.23 所示,反舰导弹脉冲多普勒雷达发射一个序列脉冲,其脉冲重复间隔(PRI)为 $T$。在每次发射脉冲($p$)之后,接收机将会按照选定的时间采样间隔或距离采样间隔进行处理和存储。脉冲的间隔比 $P_W$ 大得多,也比距离场景对应的时间大得多。这些特定脉冲的距离样本可以通过距离压缩处理进行积累。这些样本中包含了距离场景中任意目标的信息。

接下来的任务是在 $P$ 个脉冲(CPI = $PT$)的相参处理间隔(CPI)内检查特定距离单元中样本的全部历史数据[3-4]。虽然图中显示的是二维数组,但是使用的内存结构并不是这样的。当数据被存储时,它通常由一个称为转置存储器的东西来操作。虽然原始数据是对每个脉冲的每个距离样本连续收集得到的,但它是按照每个距离单元下所有时间样本连续排列的方式进行存储的,如图 2.28 所示。

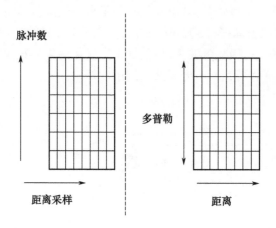

图 2.28　单接收机通道的数组示例

考虑其中一个距离单元。该反舰导弹雷达平台按照速度 $v$(约马赫数 1 或更快)高速运动。目标以更低的速度 $v_T$(30 节或更慢)移动。因此,反舰导弹与目标之间的距离不断变化。图 2.29 给出了某个时刻的相关几何参数(未按比例绘制)。

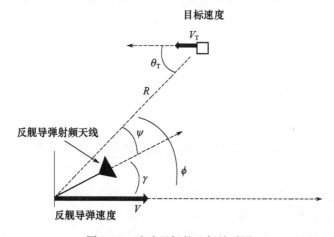

图 2.29　追踪目标的几何关系图

重复上文中的 $\Sigma$ 通道和 $\Delta$ 通道的表达式为

$$S_{\Sigma} = 2 \cdot A \cdot \mathrm{e}^{\left(2\pi i f_T p_T - 2\pi i \frac{R(p)}{\lambda}\right)} \cdot \cos\left(2\pi \frac{d \sin \Psi}{\lambda}\right) \cdot N \mathrm{sinc}\left(\frac{\pi d \sin \Psi}{\lambda}\right) \quad (2.143)$$

$$S_{\Delta} = 2i \cdot A \cdot \mathrm{e}^{\left(2\pi i f_T p_T - 2\pi i \frac{R(p)}{\lambda}\right)} \cdot \sin\left(2\pi \frac{d \sin \Psi}{\lambda}\right) \cdot N \mathrm{sinc}\left(\frac{\pi d \sin \Psi}{\lambda}\right) \quad (2.144)$$

$$R_m(p) \approx R_m - (v_T \cos\theta_T) p_T - (v\cos\varphi) p_T \tag{2.145}$$

在观测到的距离单元中的任一目标在脉间都会存在微小的距离变化。因为取值为 $T$ 的脉冲重复间隔为毫秒级，所以距离的变化通常比 $10 \sim 30\mathrm{m}$ 级的距离单元值小得多[7]。因此目标在相参处理间隔内始终保持在一个距离单元内。式 (2.145) 是距离的一阶 (时间线性) 近似值。

将式 (2.145) 代入式 (2.143) 和式 (2.144)。两式表明随时间变化的距离对应于随时间线性变化的相位。这相当于在观察间隔期间回波产生了频率的偏移。该频移值即是运动目标的多普勒频率。距离单元中目标的频率值可以通过传统的离散傅里叶变换测量。同时也可以采用一个窗函数来抑制标准离散傅里叶变换滤波器旁瓣。多普勒处理将脉冲时间对距离值的阵列转换为多普勒值对距离值的阵列，即

$$\mathrm{Output}(f_K, R_m) = \sum e^{-2\pi i f_K p} \cdot \mathrm{sample}(p, R_m) \cdot \mathrm{window}(p) \tag{2.146}$$

因为多普勒处理利用了相参处理间隔时间内雷达脉冲间的相参性，所以称为脉冲间相参。多普勒处理需要雷达参考时钟必须在大于相参处理间隔的时间内保持良好的时间稳定性。在雷达 $\Sigma$ 通道和 $\Delta$ 通道的两个接收机中采用了相同的多普勒处理。

许多著作都对多普勒频移进行了严格的讨论[5]。反舰导弹处理可以通过多种方式实现。在实践中，当目标相对海面没有径向运动时接收的回波频率，也就是从舰船的正侧面探测时接收到的频率，接收的目标回波相对海面没有径向运动，可以将此时回波频率设置为期望的频率，通常这样设置发射脉冲的频率是有益的。如果期望的接收频率为 $f_0$，则将发射频率设置为 $f_T$，即

$$f_T = f_0 + \delta f \tag{2.147}$$

利用这个发射脉冲频率 $f_T$，根据式 (2.143) ~ 式 (2.145)，图 2.29 场景所示目标回波进入接收机的频率可写为

$$f_R = f_T + f_T \frac{v}{c}\cos\varphi + f_T \frac{v_T}{c}\cos\theta_T \tag{2.148}$$

在接收机处理过程中，可通过混频器移除标称频率。反舰导弹观测目标的多普勒频移近似定义为接收频率和标称频率之间的差异。数字样本的频率为

$$f_D = f_R - f_0 = \delta f + f_T \frac{v}{c}\cos\varphi + f_T \frac{v_T}{c}\cos\theta_T \tag{2.149}$$

通过介绍一些特殊情况，可以利用图 2.28 直观地理解多普勒值。考虑静止目标的情况 ($v_T = 0$)，此时多普勒频率为

$$f_D = \delta f + f_T \frac{v}{c}\cos\varphi \tag{2.150}$$

如果 $\delta f = 0$ 且天线指向与反舰导弹速度矢量方向一致($\gamma = 0$),则多普勒值与目标偏移视轴角($\Psi$)的关系为

$$f_D = f_T \frac{v}{c} \cos\Psi \qquad (2.151)$$

该结果如图 2.30 所示。距离 – 多普勒阵列类似于海洋场景的图像,它是一个回波的距离和角度(相对于反舰导弹速度矢量)值的阵列。

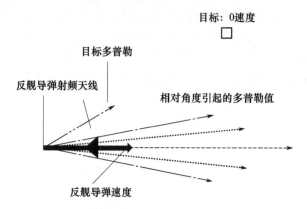

图 2.30  反舰导弹天线与速度矢量一致条件下的多普勒值

对于图 2.31 所示的更一般的情况,多普勒与目标角度 $\varphi$ 的关系为

$$f_D = f_T \frac{v}{c} \cos\varphi \qquad (2.152)$$

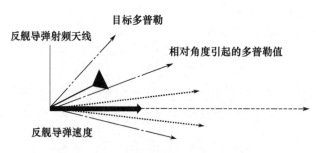

图 2.31  反舰导弹速度引入的多普勒值

同样,反舰导弹参数(如发射频率)可以通过多种方式设置。其目的是测量目标的信息。因为反舰导弹的运动是相对其天线观察方向的,可以很方便地设置发射频率以修正多普勒频率。如果反舰导弹处理器已知自身平台速度和天线相对于

其中心线的视轴方向,则可按下述方式设置发射频率:

$$f_T = f_0 + \delta f \tag{2.153}$$

$$\delta f = -f_0 \frac{v}{c} \cos\gamma \tag{2.154}$$

$$|\delta f| = \left| f_0 \frac{v}{c} \cos\gamma \right| << f_0 \tag{2.155}$$

$$f_D = -f_0 \frac{v}{c} \cos\gamma + f_0 \frac{v}{c} \cos\varphi \tag{2.156}$$

如图 2.32 所示,任何静止的并且在天线视轴上的目标($\varphi = \gamma$)都具有零多普勒频率。则可对式(2.156)做以下简单代数运算和近似:

$$f_D = -f_0 \frac{v}{c} \cos\gamma (1 - \cos\Psi) - f_0 \frac{v}{c} \sin\gamma \sin\Psi \tag{2.157}$$

$$f_D \approx -f_0 \frac{v}{c} \cos\gamma \frac{\Psi^2}{2} - f_0 \frac{v}{c} \sin\gamma \cdot \Psi \tag{2.158}$$

$$f_D \approx -f_0 \frac{v}{c} \sin\gamma \cdot \Psi \quad \gamma \neq 0 \tag{2.159}$$

$$f_D \approx -f_0 \frac{v}{c} \frac{\Psi^2}{2} \quad \gamma = 0 \tag{2.160}$$

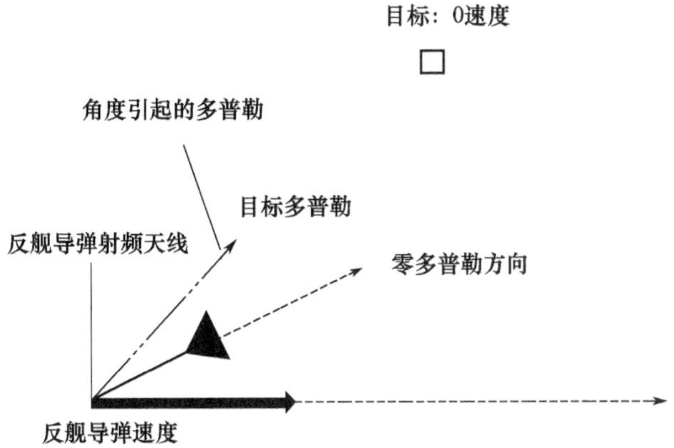

目标:0速度

□

角度引起的多普勒

目标多普勒

反舰导弹射频天线

零多普勒方向

反舰导弹速度

图 2.32 考虑反舰导弹速度条件下的修正多普勒值示意图

设天线相对于反舰导弹中心线的转向角为 $\gamma$。当目标在视场范围内时,目标相角度偏离视轴角($\Psi$)较小。如果天线扫描(如当处于搜索模式 $\gamma = [-45°,$ $+45°]$ 或 $[-90°,+90°]$ 时),则因天线运动产生的目标多普勒将使整个距离 – 多普勒阵列值发生变化。忽略目标沿反舰导弹方向的运动,则多普勒值存在一个分量。该分量对应目标偏移视轴角($\Psi$)的值。

修正后的多普勒频率一般表达式包括目标沿反舰导弹方向运动的分量,以及目标相对天线角度偏差引入的分量,如图2.33所示。

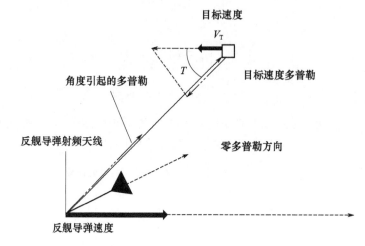

图 2.33　考虑反舰导弹速度、角度和目标速度修正多普勒值的示意图

$$f_D = f_0 \frac{v_T}{c}\cos\theta_T - f_0 \frac{v}{c}\cos\gamma(1 - \cos\Psi) - f_0 \frac{v}{c}\sin\gamma\sin\Psi \qquad (2.161)$$

对 γ 很小的情况将在第 6 章中详细讨论。在这种情况下:

$$f_D \approx f_0 \frac{v_T}{c}\cos\theta_T - f_0 \frac{v}{c}\sin\gamma\sin\Psi \qquad (2.162)$$

需要记住的重点是,反舰导弹对目标的距离 – 多普勒值通常是对目标径向运动的测量,同时考虑了对其偏移天线视轴角的测量。这一点将在下面详细分析。目前,测量数据的几何结构如图 2.34 所示。

现就与反舰导弹脉冲多普勒雷达传感器其他测量相关的问题展开探讨。如上所述,雷达处理器收集数字数据用于后续处理。这些处理的数据用于目标选择、制导信息提取,以及应对舰船的电子攻击信息破坏或拒止等。

在采集数据之前,必须确定并设置传感器硬件参数。在图 2.35 中,顶部一行的箭头标记有相参处理间隔的编号。图 2.35 中假设系统选择并设置定义对应 CPI#0 的硬件和软件参数。在适当的时间,系统开始对 CPI#0 进行射频处理,并通过射频处理收集相参处理间隔数据。在这段时间间隔内,可以通过接收机及其模数转换器形成脉冲数对距离的二位数组,并进行距离压缩。在此相参处理间隔期间,反舰导弹的主处理器可以确定下一个相参处理间隔的参数,并将消息发送给相应的硬件完成参数设置。

此时,每个接收机生成了一个如图 2.28 左侧所示的阵列。在整个相参处理间

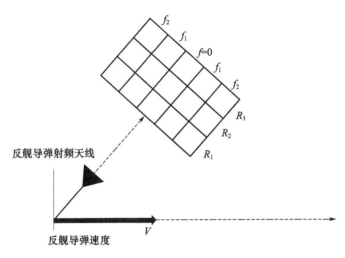

图 2.34　单个相参处理间隔的数组形式示意

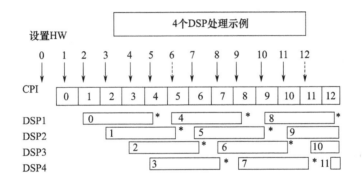

图 2.35　处理器流水处理示意

隔的数据被收集和距离压缩后,在收集下一个相参处理间隔数据的同时,该数据组将在内存中被转置并进行多普勒处理。在进行多普勒处理时,可以将整个相参处理间隔内的每个距离样本数据传输到一个数字信号处理器(图 2.35 中定义了 DSP 编号)。以上工作必须在下一个相参处理间隔期间完成。

　　某个时间(如 CPI#1)的数据阵列(图 2.28 的右侧)在某个特定处理器(DSP1)上处理。这些特定的处理包括极值测量、数据样本平均值、噪声估计和饱和事件,进一步可以作为自动增益控制调整的输入。此外,恒虚警率检测(CFAR)、旁瓣检测和可能的目标检测等处理将被实施,以用于目标参数测量、电子防护、目标分类和单脉冲处理。由于处理量大,传感器通常有多个数字处理器可用。图2.35举了一个使用4个数字处理器的例子。数字处理器处理后的信息将打包发送到主处理器。主处理器根据这些信息更改射频参数、处理目标、控制制导,以及自动增益控制等。

典型的时序如图2.35所示。如前所述,这些大型数据阵列的处理量大、耗时多。因此,必须有足够的处理器来完成所有的DSP处理,并在后续的相参处理间隔内需要特定处理器将报告发送给主处理器。在图2.35中,在CPI#0期间收集的信息并进行参数设置可以支持CPI#6。因此,尽管数据收集是按顺序进行的,但工程师应知晓,在数据计算与计算结果应用到飞行控制之间存在明显的(多个相参处理间隔)时间延迟。这种延迟与导引头传感器的数字处理结构(如数字处理器的数量)有关。

此外,如果主处理器决定大幅改变参数(如从搜索模式改变为跟踪模式,或改变波形,类似显著改变相参处理间隔的特性),则在处理流水线未加载满新数据之前,将有一段时间不会进行参数变化。在图2.35所示的情况下,在CPI#6期间所做的参数更改将在CPI#12期间才被应用。例如,如果反舰导弹的主处理器在CPI#6期间决定更改参数,则在CPI#12之前不会存在有用的测量结果,而在CPI#7到CPI#11之间的测量值通常会被丢弃。

## 参考文献

[1] Stimson, G. W. , *Introduction to Airborne Radar*, El Segundo, CA: Hughes Aircraft Company, 1983.

[2] Sullivan, R. J. , *Microwave Radar Imaging and Advanced Concepts*, Norwood, MA: Artech House, 2000.

[3] Wiley, R. G. , *Electronic Intelligence*: *The Analysis of Radar Signals*, Norwood, MA: Artech House, 1993.

[4] Tsui, J. , *Digital Techniques for Wideband Receivers*, Norwood, MA: Artech House, 2001.

[5] Wehner, D. , *High – Resolution Radar*, Boston, MA: Artech House, 1995.

[6] Schleher, D. C. , *Electronic Warfare in the Information Age*, Norwood, MA: Artech House, 1999.

[7] Pace, P. E. , *Detecting and Classifying Low Probability of Intercept Radar*, Norwood, MA: Artech House, 2009.

[8] MacGrath, D. , "Analysis of Radome Induced Cross Polarization(U)," WL – TM – 92 – 700 – APN, USAF, Washington, DC, March 1992.

[9] Chen, V. C. , *The Micro – Doppler Effect in Radar*, Norwood, MA: Artech House, 2011.

# 第 3 章

# 低截获概率雷达和
# 电子攻击模型

本章将利用前几章的信息建立一个基于物理的反舰导弹传感器攻击舰船的数学模型。在后面的章节中，该模型将用于详细描述现代反舰导弹对抗传统电子攻击的各种电子防护算法。为了简单起见，该模型假设反舰导弹采用掠海飞行，主导引头传感器是方位单脉冲体制的脉冲多普勒雷达。目标船使用各种电子攻击资源，包括箔条、平台内的数字射频存储(DRFM)转发、噪声或压制干扰，以及来自平台外的各种电子攻击资源和诱饵。本章旨在阐述数学模型，以引导读者形成对现代电子战信号处理的直观印象。

3.1 节讨论了反舰导弹模型的特点和具体的信号处理参数，并向电子战工程师介绍了低截获概率雷达导引头的优点。特别是，通过阅读本节，工程师将加深对雷达脉冲压缩和多普勒处理固有优势的理解。本节还讨论了典型的飞行剖面、导引头传感器的典型工作模式，以及反舰导弹导引头目标检测、识别和制导任务的逻辑顺序。

3.2 节讨论了雷达距离方程，介绍了压制噪声干扰的烧穿概念。在攻防后期，由于导引头会因为烧穿检测到舰船，因此噪声干扰源不应在导引头到船舶的视轴方向上。本节还介绍了如何模拟具有适当雷达散射截面(RCS)的电子攻击假目标。

至此，距离－多普勒数据阵列充其量只是海面和目标的粗略图像。把它看作一组数字数据是非常有用的。3.3 节讨论了反舰导弹导引头未来向图像处理方向发展的概念。读者需要意识到该能力近期实现的可能性。

3.4 节将舰船作为简单点目标，建立了基本的传感器模型方程。该数学方程式完全表达了点目标信号的距离－多普勒数据阵列信息。为了增进对电子战信号处理的各种特殊情况的理解，后续章节对该详细表达式进行了简化和修改。例如，在第 4 章中，由于舰船实际上是面目标，为了描述相关的电子防护算法，对表达式进行了修改。

3.5 节为基于数字射频存储的电子攻击系统建立了详细的传感器模型方程。基于数字射频存储的设备有能力记录截获的反舰导弹雷达脉冲，对脉冲进行调制，并将脉冲重新发送回雷达,以实现欺骗或引诱性的电子攻击。后续章节将使用基于数字射频存储的电子攻击模型方程式来说明反舰导弹的电子防护算法。

前面提到的另一种电子攻击方法是在大部分距离 - 多普勒数据阵列中产生噪声,以压制船舶回波。该技术的目的是提高所有单元的信号电平,以掩盖舰船回波,从而拒止反舰导弹导引头测量目标制导参数。这里详细讨论了噪声干扰的数学模型。

3.6 节总结了各种常用于目标分类和电子防护的模型参数,并介绍了传感器信号处理参数的具体实例。这些参数将在后面的章节中详细讨论,并用于电子战信号处理示例的定量化描述。本节还详细讨论了与前述模型实例相关的典型电子攻击策略,总结了本书后面会使用的典型模型参数和关键模型表达式。

## 3.1 反舰导弹模型

本节讨论反舰导弹模型的特点以及具体的雷达和信号处理参数,目标是明确后面要使用的具体典型参数,继而方便解释相参低截获概率雷达导引头传感器比传统非相参雷达的固有优势。

反舰导弹可以从陆基平台、水面舰艇、潜水艇或飞机发射,并使用各种飞行剖面,如从掠海飞行到低空轨道的大角度俯冲。反舰导弹可以从离目标船很近的地方发射,也可以从离舰队相当远的地方发射。现代反舰导弹可以通过导航系统在路径上的多个检测点进行航向修正,实现数百千米的飞行能力。

对于基本反舰导弹模型,假定操作员提供了目标位置和类型的初始估计(如果初始的目标位置源于声传感器,那么目标位置可能不明确,需要在几个收敛区域中进行确认)。模型同时假设反舰导弹以大约马赫数 1(约 300m/s)的初始速度在雷达水平面[①]( radar horizon) 下方飞行。在距离目标约 50 ~ 70km 的范围内,反舰导弹会爬升到雷达水平面上方,并进行宽范围的天线扫描以验证目标参数。这就是搜索模式或再捕获模式。该过程可能需要几秒到十秒,产生的数据可对目标位置进行优化、更新,并对目标识别特征数据进行更新。然后,反舰导弹下降到雷达水平面下方,继续接近目标。图 3.1 说明了飞行模型的剖面。

在距离目标约 20km 的位置,反舰导弹进入交战末段,这是本书关注的主要阶段。反舰导弹将再次爬升到雷达水平面之上,并进行搜索或再捕获,其目的是重新捕获或检测目标。该模式将进行天线方位扫描和距离 - 多普勒数据处理,而其中

---

① 译者将"radar horizon"翻译为雷达水平面,即雷达受地球曲率影响能够看到的最低仰角所在的平面,在该平面以下的目标受地球曲率影响不能被雷达探测。

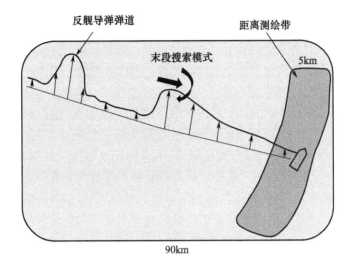

图 3.1　反舰导弹飞行剖面模型

涉及的目标信息源于先验信息。当然,目标也可能从上次测量时的位置移动到最多 2km 外(30kn[①] 的速度)。在此距离位置,约 3km 宽的范围对应天线波束宽度约为 9°。如果雷达方位扫描 ±45°,则数据可能覆盖 40km 宽的海面。距离测绘带可以小到 4km 宽、10km 远,或更小。

经过数据收集和分析,反舰导弹就会选择最可能的目标。这就是导引头的目标分类模式。在这个阶段,反舰导弹可以继续处理来自某目标的数据,或者继续监视其他可能的目标。通常天线会指向感兴趣的目标,使信噪比最大化。后续攻击阶段,反舰导弹导引头将处于目标跟踪模式,以持续收集目标精确信息引导制导子系统。表 3.1 总结了模型中的反舰导弹的轨迹和导引头模式。

在上述任一模式中,导引头都会使用各种电子防护算法来对抗舰船的电子攻击。例如,如果在搜索模式中没有检测到目标,但很明显舰队正在使用噪声干扰,则反舰导弹导引头可能会启动"跟踪干扰源(HOJ)"模式。在这种模式下,反舰导弹天线指向并飞向干扰源,同时假设后续可能发生烧穿。

表 3.1　导弹最后的时间线汇总表

| 时刻/s | 剩余时间/s | 距离/km | 模式 | 事件 |
| --- | --- | --- | --- | --- |
| 0 | 200 | 60 | 搜索 | 发现 |
| 130 | 70 | 21 | 搜索 | 发现 |
| 140 | 60 | 18 | 分类 | 电子防护 |

---

① 1kn = 1.852km/h。

（续）

| 时刻/s | 剩余时间/s | 距离/km | 模式 | 事件 |
| --- | --- | --- | --- | --- |
| 150 | 50 | 15 | 跟踪 | 制导 |
| 200 | 0 | 0 | | 撞击 |

图 3.2 说明了本节关注的反舰导弹的子系统。发射机、接收机和天线构成雷达的射频部分。雷达数据阵列的数字信号处理在数字处理器中完成,图中表示为 DSP。通用处理器用于分析信号处理结果,以实现任务目标。目标检测、分类和跟踪决策就是在这个处理器中完成的。该处理器同时生成命令并发送到各子系统以实现硬件和软件功能,测量结果发送到制导子系统以进行反舰导弹轨迹修正。

接下来比较一下传统非相参雷达和现代相参雷达在导引头传感器中的应用差异。鉴于影响因素较多,很难对传感器进行比较,因此必须尽量将一般特征进行关联,以分离出传感器的相参特征。首先考虑搜索模式。在典型的传感器设计中,首先设定虚警率(FAR),然后分析其检测性能。平均虚警时间与虚警率成反比:

$$T_{avg} = \frac{1}{P_{FA}} \tag{3.1}①$$

一个单元中的虚警概率很小,但在一段时间内出现一次虚警的机会却相当大。设 $n$ 是对应于 $T_{avg}$ 时间内出现一次虚警的机会次数,则此时段内发生一次或多次虚警的概率 $P_{fT}$ 为

$$P_{fT} = 1 - (1 - P_{FA})^n \tag{3.2}$$

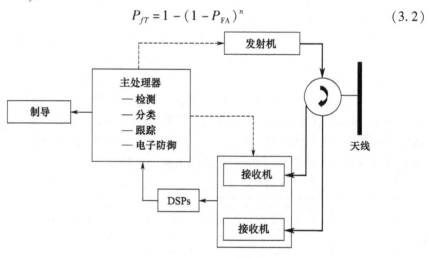

图 3.2 反舰导弹子系统模型

---

① 译者注:公式中用"$P_{FA}$"替代了原文的"FAR",后面的公式采用相同的处理。

$$P_{fT} \approx nP_{FA} - \frac{n(n-1)}{2}P_{FA}^2 + \cdots \tag{3.3}$$

$$P_{fT} \approx nP_{FA} \tag{3.4}$$

设该时间内至少产生 1 次虚警,则

$$P_{fT} \approx 1 \tag{3.5}$$

$$P_{FA} \approx \frac{1}{n} \tag{3.6}$$

基于此近似值,虚警率很容易与式(3.1)中定义的 $T_{avg}$ 时间内的虚警机会次数关联起来(本节经典的非相参传感器的参量由下标 I 标识,现代相参传感器由下标 C 标识)。搜索模式下,空间被划分为几个邻近区域内的多个驻留。假设经典雷达的一个驻留对应单脉冲,那么这里的驻留时间就是脉冲重复间隔。单次驻留中的机会次数即是距离场景范围内的距离单元数,如图 3.3 所示。

因此,在平均虚警时间内的虚警机会次数可以根据驻留时间内距离单元的数量($N_{RG}$)计算如下

$$N_I \approx \frac{N_{RG}}{P_{FA} \cdot PRI} \tag{3.7}$$

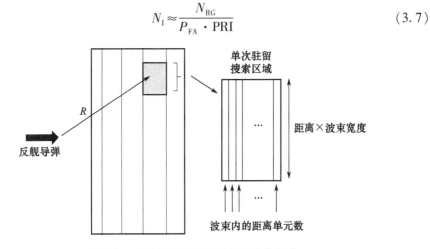

图 3.3　反舰导弹单次驻留内的搜索区域

假设相参雷达具有相同的天线波束宽度和相同的驻留距离带。但处理间隔是由 $P$ 个脉冲组成的完整相参处理间隔。$P$ 个脉冲对应的距离向回波被处理为多个多普勒单元($N_D$),并且

$$N_c \approx \frac{N_{RG} \cdot N_D}{P_{FA} \cdot CPI} \tag{3.8}$$

值得注意的是,脉冲重复间隔(PRI)与脉冲重复频率(PRF)有关。脉冲重复频率与最大无模糊距离和最大多普勒速度有如下关系:

$$R_{\max} \approx \frac{c \cdot \text{PRI}}{2} \qquad\qquad (3.9)$$

$$v_{\max} \approx \frac{c \cdot \text{PRF}}{4 \cdot f_{\text{c}}} \qquad\qquad (3.10)$$

$$\text{PRF} = \frac{1}{\text{PRI}} \qquad\qquad (3.11)$$

对于载频($f_{\text{c}}$)约等于9.3GHz的传感器,如果脉冲重复频率大于2kHz,则会存在对应于超过30kn径向速度的多普勒单元。而对于大多数海军舰艇,最大径向速度约为30kn。即,在更高速度的多普勒单元上不会出现物理可实现的目标。因此,可设定一个高的脉冲重复频率,以确保没有与非物理可实现目标相关的多普勒单元:

$$\text{CPI} = P \cdot \text{PRI} \qquad\qquad (3.12)$$

$$N_{\text{D}} = P \qquad\qquad (3.13)$$

$$N_{\text{I}} = N_{\text{C}} \qquad\qquad (3.14)$$

因此,假设相参传感器和一个非相参传感器具有相同的脉冲重复频率、距离范围、距离分辨力和天线波束宽度,它们要满足相同的虚警率标准,且对于一个样本单元具有相同的虚警概率($P_{\text{FA}}$)。对于非相参传感器,数据采样是对单脉冲的单一距离维进行采样。对于相参传感器,则是对每个相参处理间隔的距离 – 多普勒维采样。

接下来分析两类传感器的检测性能。如上所述,检测性能与目标回波单元的信噪比有关。根据标准的雷达参考文献[1 – 6],回顾雷达距离方程。假设在一个单脉冲时间内,反舰导弹雷达通过增益为$G$的波束向距离为$R$处的目标发射峰值功率为$P_{\text{Pk}}$的脉冲,则在目标位置的功率密度为

$$I_{\text{rt}} = \frac{P_{\text{Pk}} G(\psi)}{4\pi R^2} \qquad\qquad (3.15)$$

定义目标雷达散射截面为反射功率与发射功率之比,则反舰导弹导引头天线处的功率密度为

$$I_{\text{r}} = \frac{P_{\text{Pk}} G(\psi) \sigma_{\text{T}}}{(4\pi)^2 R^4} \qquad\qquad (3.16)$$

再考虑与波束方向图相关的天线截面积、系统综合损耗,则进入接收机的峰值功率为

$$P_{\text{t}} = \frac{P_{\text{Pk}} [G(\psi)]^2 \sigma_{\text{T}} \lambda^2}{(4\pi)^3 R^4 L} \qquad\qquad (3.17)$$

回顾涉及的雷达信号处理[5],最大信噪比为接收信号中的总能量与接收机噪声之比,总能量为功率与脉冲持续时间之积,最佳匹配滤波器的输出持续时间是脉

冲持续时间的两倍。

平均功率与单脉冲功率、$P_W$ 和 PRI 有以下关系:

$$P_{avg} = \frac{P_{Pk} \cdot P_W}{PRI} = \frac{P_{Tot}}{PRI} \qquad (3.18)$$

如上所述,假设非相参雷达使用单脉冲探测,则其相参处理时间为 PRI。同理,相参雷达的相参处理时间为一组 $P$ 个脉冲,即

$$T_{coh_I} = PRI \qquad (3.19)$$

$$T_{coh_C} = PRI \cdot P = CPI \qquad (3.20)$$

接收机噪声项由噪声系数($F$)和热噪声项($kT_0 \times$ 带宽($B_W$))表示,其中 $B_W$ 为接收机带宽或匹配滤波器持续时间的倒数。考虑到相参系统的信噪比随脉冲数的增加而增加,则两个系统的信噪比可以表达为

$$SNR = \frac{P_{avg} T_{coh} [G(\psi)]^2 \sigma_T \lambda^2}{(4\pi)^3 R^4 \cdot FL \cdot kT_0} \qquad (3.21)$$

为了方便起见,针对两类雷达,分别将此表达式改写为

$$SNR_I = \frac{[G(\psi)]^2 \lambda^2 PRI}{(4\pi)^3 \cdot FL \cdot kT_0} \cdot \frac{P_{avgI} \sigma_I}{R_I^4} \qquad (3.22)$$

$$SNR_C = \frac{[G(\psi)]^2 \lambda^2 PRI}{(4\pi)^3 \cdot FL \cdot kT_0} \cdot \frac{P_{avgC} P \sigma_C}{R_C^4} \qquad (3.23)$$

假设两类系统具有相同的虚警率、相同的噪声特性和相同的脉冲重复频率,如果满足下式,则两类系统的检测性能都是相同的:

$$\frac{P_{avgC} P \sigma_C}{R_C^4} = \frac{P_{avgI} \sigma_I}{R_I^4} \qquad (3.24)$$

首先考虑两个传感器具有相同的平均功率。由于假设两个传感器的脉冲重复频率相同,则,由式(3.18)可知

$$P_{PkC} \cdot P_{WC} = P_{PkI} \cdot P_{WI} \qquad (3.25)$$

然而有些原因不能将这些参数设为相同的。如前所述,非相参系统需要小的 $P_W$ 来获取有用的距离分辨力。而相参系统可以利用各种波形调制和脉冲压缩技术来获得很好的距离分辨力。因此,相参系统的峰值功率可以大大低于非相参系统的峰值功率。而较低的峰值功率又利于发射组件和接收组件更高效地工作。此外,舰船中的电子支援系统更难探测和截获具有调制的宽脉冲低峰值功率信号。

例如,设非相参雷达的 $P_W$ 为 0.125μs。则相参雷达可以使用 8MHz 的调制脉冲实现相同的距离分辨力。设相参雷达的 $P_W$ 为 8μs,峰值功率为 600W,则非相参雷达的峰值功率必须为 38.4kW,即高于相参雷达峰值功率 18dB。

由式(3.24)可知,在平均功率相等的情况下,如果满足

$$\frac{P\sigma_{\mathrm{C}}}{R_{\mathrm{C}}^4} = \frac{\sigma_{\mathrm{I}}}{R_{\mathrm{I}}^4} \tag{3.26}$$

则两类雷达检测性能相同。

举例说明:考虑相参雷达对 16 个脉冲($P$)进行多普勒相参处理。假设非相参系统可在 20km 距离处检测到 40dBsm 的目标[①]。则相参雷达可以在两倍距离处,即 40km,检测到同样大小的目标(40dBsm)。或者根据式(3.26),可等效认为相参雷达可以在相同的距离(20km)上检测到更小的目标(28dBsm)。

以上分析假定接收机噪声为白噪声。白噪声在多个多普勒滤波器中呈均匀分布。海杂波作为一种色噪声,是雷达系统另一种非常重要的干扰。在海杂波标准模型中,主瓣杂波集中在零径向速度多普勒上,副瓣杂波分布在非零多普勒频率上。此外,旁瓣杂波通常比峰值杂波低 30dB,如图 3.4 所示。

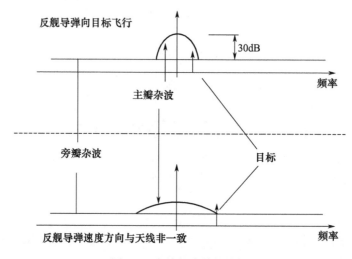

图 3.4　杂波的多普勒特征

图 3.5 显示了目标和杂波的多普勒关系。根据第 2 章的内容,式(2.162)针对目标回波给出了多普勒频率近似值:

$$f_{\mathrm{D}} \approx +f_0\frac{2v_{\mathrm{T}}}{c}\cos\theta_{\mathrm{T}} - f_0\frac{2v}{c}\sin\gamma\sin\psi \tag{3.27}$$

图 3.4 的上半部分定性地说明了反舰导弹天线指向目标、反舰导弹直接飞向目标,且目标具有低径向速度等条件下的多普勒频谱。如图 3.5 所示,如果几何关系更一般化些,则主瓣杂波会分散,幅度变小。此外,如果目标不在波束中心,则会

---

① 译者注:dBsm 表示雷达的目标截面积的分贝数,与 dBm² 相同。

引入额外的多普勒频率。因此,多普勒谱更像图 3.4 的下半部分。在这种更一般的情况下,目标更容易检测。假设每次检测出现虚警的可能性相同,则驻留时间内的虚警率等于该时间内检测概率的倒数[①]。

海杂波的标准模型是将海杂波视为一个宽范围的面目标。在低掠射角下,杂波可视为 −35dB/面积的目标[②]。对应 8°波束宽度和 20m 的距离分辨力条件,其面积为 47dB,主瓣杂波为 12dB。对于反舰导弹为 1Ma 的速度,以及 5°的视角条件下,主瓣杂波将分布在多个多普勒单元上。主瓣杂波的幅度值与低多普勒单元中约 20dB 的小目标相当。因此对较短距离,且对低多普勒单元中的目标进行检测,将主要受到杂波限制,而非接收器噪声影响。

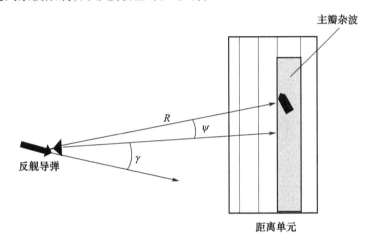

图 3.5　杂波和目标的几何关系

采用一个简单的杂波模型,杂波噪声比(CNR)是

$$\mathrm{CNR_I} = \frac{[G(\Psi)]^2 \lambda^2 \mathrm{PRI}}{(4\pi)^3 \cdot FL \cdot kT_0} \cdot \frac{P_{\mathrm{avgI}} \sigma_0 A_{\mathrm{I}}}{R_{\mathrm{I}}^4} \tag{3.28}$$

$$\mathrm{CNR_C} = \frac{[G(\Psi)]^2 \lambda^2 \mathrm{PRI}}{(4\pi)^3 \cdot FL \cdot kT_0} \cdot \frac{P_{\mathrm{avgC}} P \sigma_0 A_{\mathrm{C}}}{R_{\mathrm{C}}^4} \tag{3.29}$$

将上述表达式代入式(3.22)和式(3.23),可得信杂比(SCR)为

---

①　译者注:原文为虚警概率是"number of opportunities"的倒数,译者理解为此处的 opportunities 应该是发现目标的机会,即检测概率。

②　译者注:这里的 −35dB/面积应该是单位面积的雷达散射截面,即反射系数 −35dB,示例中的场景 8°波束对应 20km 远的波束覆盖幅宽约 2.79km,再乘以距离分辨力 20m,得到面积为 47dBsm,将此面积乘以反射系数得到照射区域海杂波对应的雷达散射截面为 12dB。

$$\mathrm{SCR_I} = \frac{\sigma_T}{\sigma_0 A_I} \qquad (3.30)$$

$$\mathrm{SCR_C} = \frac{\sigma_T}{\sigma_0 A_C} \qquad (3.31)$$

如果天线在海面上的扫描轨迹对应相同的区域,则非相参雷达和相参雷达在低多普勒单元中的杂波限制下的目标检测性能相同。显然,杂波尖峰是一种特殊情况。杂波尖峰具有明显的散射截面积和非零多普勒速度。这些尖峰看起来类似于低速目标,表3.2给出了上述结果的三个示例。

表3.2　反舰导弹雷达系统总结对比表

| 参数 | 非相参 | 相参1 | 相参2 |
|---|---|---|---|
| 虚警率/h | 1 | 1 | 1 |
| 虚警概率/检测单元 | $4.6 \times 10^{-8}$ | $4.6 \times 10^{-8}$ | $4.6 \times 10^{-8}$ |
| 检测概率 | 0.5 | 0.5 | 0.5 |
| 信噪比(要求)/dB | 14.8 | 14.8 | 14.8 |
| 距离带宽度/km | 6 | 6 | 6 |
| 波长/cm | 3 | 3 | 3 |
| 脉冲重复频率/kHz | 2 | 2 | 2 |
| 脉冲宽度/μs | 0.125 | 0.125 | 8 |
| 平均发射功率/W | 0.25 | 0.25 | 0.25 |
| 天线增益/dB | 25 | 25 | 25 |
| 波束宽度/(°) | 8 | 8 | 8 |
| 信号带宽/MHz | 8 | 8 | 8 |
| 距离分辨率/m | 20 | 20 | 20 |
| 相参处理间隔脉冲数 | 1 | 16 | 16 |
| 噪声系数/dB | 3 | 3 | 3 |
| 系统损耗/dB | 10 | 10 | 10 |
| 目标雷达散射截面/dBsm | 35 | 35 | 35 |
| 探测距离/km | 9.4 | 18.7 | 18.7 |

到目前为止,不同类型雷达的参数设定尽可能保持相似。表3.3针对反舰导弹的非相参雷达和相参雷达列出了一组更实际的参数。在该表中,假设目标幅度服从瑞利分布,单元面积(用于杂波计算)为

$$A = \delta R \cdot \theta \cdot R \qquad (3.32)$$

表 3.3　系统总结表

| 参数 | 非相参 | 相参 |
| --- | --- | --- |
| 虚警率/h | 1 | 1 |
| 虚警概率/单元 | $3.5 \times 10^{-8}$ | $3.5 \times 10^{-10}$ |
| 检测概率 | 0.5 | 0.5 |
| 信号比(要求)/dB | 14.2 | 14.1 |
| 距离带宽度/km | 3 | 3 |
| 波长/cm | 3 | 3 |
| 脉冲重复频率/kHz | 2 | 2 |
| 脉冲宽度/μs | 1 | 20 |
| 平均发射功率/W | 70 | 8 |
| 天线增益/dB | 25 | 25 |
| 波束宽度/(°) | 8 | 8 |
| 信号带宽/MHz | 1 | 10 |
| 距离分辨率/m | 150 | 15 |
| 相参处理间隔脉冲数 | 1 | 16 |
| 噪声系数/dB | 3 | 3 |
| 系统损耗/dB | 10 | 10 |
| 目标雷达散射截面/dBsm | 35 | 35 |
| 探测距离/km | 39.6 | 46.2 |
| 信杂比(20km 处)/dB | 13.8 | 23.8 |
| 信杂比(30km 处)/dB | 12 | 22 |

　　对于相参雷达,由于脉冲间存在相参增益(相参处理间隔而不是脉冲重复间隔),因此雷达在噪声条件下的检测能力将有提升。然而由于相参雷达的低平均功率特点(低约 9.4dB),该能力提升又被一定程度的减弱。在杂波区,由于脉冲内相参处理增益,检测 SNR 提高了 10dB。图 3.6 和图 3.7 说明了该效应。在这两种情况下,当目标信号完全在检测单元内时,相参雷达传感器的杂波区被压缩的程度更高。

　　到目前为止,杂波面积可用式(3.32)表示。对于高速机动反舰导弹,在单元区域内存在一种波束锐化效应。在这种情况下,杂波面积(图 3.8)可表示为

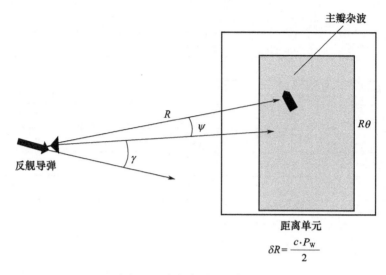

图 3.6　非相参雷达距离单元

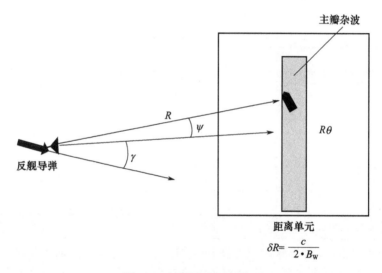

图 3.7　相参雷达距离单元

$$A = \delta R \cdot \delta \psi \cdot R \qquad\qquad (3.33)$$

最后,值得注意的是,与大多数雷达一样,反舰导弹雷达的跟踪性能随信噪比的增加而提高。而信噪比与距离的四次方成反比。测量方差与信噪比的关系为

$$\sigma = \frac{k}{\mathrm{SNR}} \qquad\qquad (3.34)$$

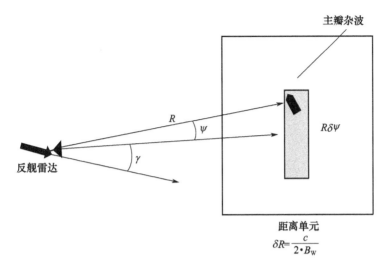

图 3.8　波束锐化对杂波的效应

## 3.2　雷达距离方程与烧穿距离

参考上文提到的模型信息,详细分析回波信号以及噪声压制干扰式的电子攻击。上文提到目标处的功率密度为

$$I_{rt} = \frac{P_{Pk}G(\psi)}{4\pi R^2} \qquad (3.35)①$$

若目标雷达散射截面定义为反射回反舰导弹天线的功率比,则天线处的功率密度为

$$I_r = \frac{P_{Pk}G(\psi)\sigma_T}{(4\pi)^2 R^4} \qquad (3.36)$$

再考虑天线截面积与波束方向图的关系,并忽略损耗,可以得到单脉冲照射进入接收机的目标回波峰值功率为

$$P_t = \frac{P_{Pk}[G(\psi)]^2 \sigma_T \lambda^2}{(4\pi)^3 R^4} \qquad (3.37)$$

对于压制式噪声干扰系统,参考式(3.36),可得发送到反舰导弹雷达处的功率密度②为

---

① 译者注:原书中这个公式等号前面是文字说明,翻译时改用符号表示,后续很多公式都类似,不再分别说明。

② 译者注:原书用的是功率"power",但根据公式的含义应该是功率密度。

$$I_J = \frac{P_J G_J(\psi')}{(4\pi R)^2} \tag{3.38}$$

式中：$P_J$ 为电子攻击系统的峰值功率；$G_J(\psi')$ 为对应天线增益；角度 $\psi'$ 为电子攻击系统天线指向与电子攻击系统到反舰导弹的夹角。当干扰信号连续发射时，则反舰导弹天线在单脉冲内接收的电子攻击噪声功率为

$$P_{rJ} = \frac{P_J G(\psi) G_J(\psi') \lambda^2}{(4\pi)^2 R^2} \tag{3.39}$$

与反舰导弹检测距离相比，舰船目标分布距离通常较小。为简单起见，假设目标和电子攻击所在的距离大致相同。注意，目标回波信号处理过程具有脉冲压缩增益。而通过捕获反舰导弹的雷达脉冲并复制发射部分脉冲可以获取部分脉冲压缩增益。这在一定程度上可抵消目标回波信号处理增益的影响。不过该项技术是有限制的，原因是这可能在距离–多普勒维上产生清晰的检测区域。本次讨论忽略了该内容。

根据前文信息，在单个相参处理间隔中，目标信号功率随着脉冲数的平方增加。而压制式噪声电子攻击功率则与热噪声增加方式相似，随脉冲数的增加而增加。因此，目标回波信号的幅度平方与电子攻击噪声的幅度平方之比，即信干比（SJR）为

$$\text{SJR} = \frac{P_{Pk} \sigma_T P}{P_J} \cdot \frac{G(\psi)}{G_J(\psi')} \cdot \frac{1}{4\pi R^2} \tag{3.40}$$

如果电子攻击通过压制式干扰来掩盖目标，干扰的目的是使这个比值尽可能小，最好比 1 小得多。当电子攻击系统发出其最大功率时，式中第一项取最小值。如果反舰导弹传感器指向电子攻击系统，而目标不在电子攻击系统的方向，则第二项可以减少。也就是说，使高价值目标与电子攻击系统处于反舰导弹的不同角度，并尽可能使反舰导弹在早期指向电子攻击系统，而偏离航空母舰。只要反舰导弹持续工作在跟踪干扰源模式，则此值将持续减少。

最后一项数值很小，但随着反舰导弹接近舰船，也会不断增加。该项与距离的平方成反比。这意味着当距离减少一半时，信干比增加 6dB。如果目标角度和电子攻击角度没有显著差异，则此比值会随距离变小而增加，直到可以检测到目标。这就是所谓的目标信号烧穿压制式干扰噪声，概念如图 3.9 所示。

从电子攻击效果的全面性考虑，电子攻击系统还可以产生一个或多个虚假目标回波，而不只是压制噪声电子攻击。根据式（3.35），电子攻击系统接收的单脉冲信号功率为

$$P_R = \frac{P_{Pk} G_J(\psi'') A_J}{4\pi R^2} \tag{3.41}$$

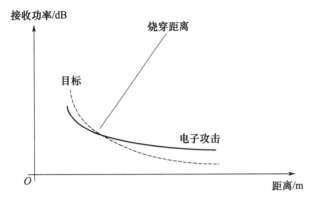

图 3.9 目标回波与烧穿距离的关系示意图

$$A_J = \frac{G_J(\psi')\lambda^2}{4\pi} \tag{3.42}$$

假设电子攻击系统利用峰值功率的一部分(比例以 r 标识)生成假目标,根据式(3.39),反舰导弹接收到假目标的单脉冲功率为

$$P_{rJ} = \frac{rP_J G(\psi'') G_J(\psi')\lambda^2}{(4\pi)^2 R^2} \tag{3.43}$$

反舰导弹系统将假目标的雷达反射截面估计为

$$\sigma_J = \frac{rP_J A_J}{P_R} \quad r \leqslant 1 \tag{3.44}$$

值得注意的是,如果电子攻击系统成功截获了反舰导弹雷达脉冲,那么所有这些因素将是已知的。因此,如果满足这个表达式,且保证不使电子攻击发射机饱和,就可以生成一个具备有效雷达反射截面的假目标。

## 3.3 距离多普勒图和成像

对应每个相参处理间隔,反舰导弹传感器均获得一组数据。数组标注了起始的距离和多普勒频率,距离由发射脉冲和回波间的延迟($\delta t$)进行测量,多普勒频率是反舰导弹天线角度、反舰导弹速度和目标径向速度的函数。图 3.10 给出了这个几何关系示意图。以下表达式给出了两个测量值及其分辨率的关系:

$$R = \frac{c \cdot \delta t}{2} \tag{3.45}$$

$$\delta R = \frac{c}{2 \cdot B_W} \tag{3.46}$$

$$f_D \approx +f_0 \frac{2v_T}{c}\cos\theta_T - f_0 \frac{2v}{c}\sin\gamma\sin\psi \tag{3.47}$$

$$\delta v_T = \frac{c}{2f_0 \cdot \text{CPI}} \tag{3.48}$$

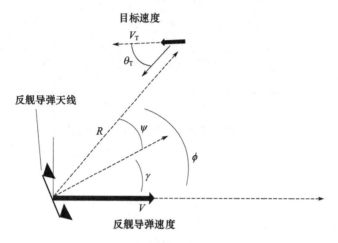

图 3.10　几何参数示意图

接收机数据同样可以用角度空间表征,角度的起点是天线波束指向,它由单脉冲技术测量产生。图 3.11 给出了接收机数据阵列的示意图。

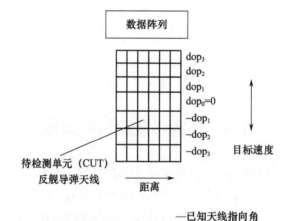

图 3.11　接收数据阵列的示意图

基于与文献[4]中类似的典型参数,反舰导弹传感器能够在距离/多普勒/角度空间生成图像。但是,数组中的像素或单元通常没有很好的分辨率。典型的反舰导弹分辨率约为

$$\delta R = 20\mathrm{m} \tag{3.49}$$

$$\delta v_{\mathrm{T}} = 4\mathrm{kn} = 2\mathrm{m/s} \tag{3.50}$$

$$\delta \psi = 0.1° \tag{3.51}$$

当从舰船侧面观察时,大多数标准军舰目标主要位于单个距离 – 多普勒单元内。而从其他任何方向观察时,目标通常占据多个单元。唯一总是驻留在多个单元中的目标是航空母舰。表 3.4 给出了典型军舰的空间尺寸。

表 3.4　军舰目标空间三维尺寸

| 海面舰船类型 | 宽度/m | 长度/m |
|---|---|---|
| 驱逐舰 | 14 | 135 |
| 巡洋舰 | 17 | 175 |
| 航空母舰 | 78 | 335 |

目标多普勒值与目标径向速度、天线视轴偏移角相关。随着反舰导弹雷达传感器的改进,目标显示将更接近实际成像,如合成孔径雷达(SAR)或逆合成孔径雷达(ISAR)成像。目前,成像受到限制。未来,反舰导弹传感器将采用先进的成像处理技术。当然,目前的成像分辨率足以满足许多复杂的信号处理技术。下面将讨论这些问题。

## 3.4　目标散射模型

根据文献[1 – 4],本节将重述前面对雷达距离方程的分析。假设反舰导弹雷达通过合成的和波束($G_{\Sigma}$)向距离 $R$ 处的目标方向发射一个峰值功率为 $P_{\mathrm{Pk}}$ 的脉冲序列,则目标处的功率密度为

$$I_{\mathrm{rt}} = \frac{P_{\mathrm{Pk}} G_{\Sigma}(\psi)}{4\pi R^2} \tag{3.52}$$

将目标雷达散射截面定义为反射回反舰导弹天线的功率比例,则天线处的功率密度为

$$I_{\mathrm{r}} = \frac{P_{\mathrm{Pk}} G_{\Sigma}(\psi) \sigma_{\mathrm{T}}}{(4\pi)^2 R^4} \tag{3.53}$$

考虑天线截面积与波束方向图的关系,可以得到进入和接收机的单脉冲峰值功率为

$$P_{\mathrm{t}} = \frac{P_{\mathrm{Pk}} [G_{\Sigma}(\psi)]^2 \sigma_{\mathrm{T}} \lambda^2}{(4\pi)^3 R^4} \tag{3.54}$$

在单个相参处理间隔中,$P$ 个脉冲相参后的幅度平方为

$$P_{tP} = \frac{P_{Pk}\left[G_{\Sigma}(\psi)\right]^2 \sigma_T \lambda^2 P^2}{(4\pi)^3 R^4} \tag{3.55}$$

为完整起见,如前面所述,信噪比为

$$\text{SNR} = \frac{P_{avg} T_{coh}\left[G_{\Sigma}(\psi)\right]^2 \sigma_T \lambda^2}{(4\pi)^3 R^4 \cdot FL \cdot kT_0} \tag{3.56}$$

参考文献对回波功率的近似值作了详尽的解释。这些结果是基于麦克斯韦方程求解 $E$ 场和 $B$ 场在距离 $R$ 上的球面辐射得到。这些结果显示功率密度等于 $E$ 场平方,即

$$I_R \approx E^T \cdot E^* = |E|^2 \tag{3.57}$$

本书重点关注反舰导弹雷达采用的电子防护技术。这就需要更仔细地分析天线及其接收信号的复合电场的相参相位特性。典型的反舰导弹天线可由一个具有多个馈源的反射器或二维偶极子相参平板阵列组成。对这两种情况,天线都可以视为由 4 个不同象限的独立子阵组成。每个子阵可以等效为前面讨论的线阵。由于这里只对方位角感兴趣,所以可考虑射频天线由 2 个子阵列(左半和右半)组成,分别是 $U$ 和 $L$。

反舰导弹子阵列的特点是其复数波束方向图,该方向图由二维(极化空间)矢量组成。雷达极化的表现形式很多,包括琼斯矢量法和庞加莱球法[5]。在本书中,完整的天线波束方向图由更直观的二维矢量表示,如前所述。

雷达天线极化借用量子物理中的二维矢量的旋转来表示。Ket 矢量代表发射天线方向图。基于互易性,Bra 矢量(接收天线)是 Ket 矢量的复共轭转置。在本书中假设这些天线方向图是考虑了反舰导弹天线罩影响后的结果[3]。极化分量 $p$ 对应 $\Sigma$ 波束视轴方向的极化,$n$ 为正交分量。即,$p$ 代表垂直线极化,$n$ 代表水平线极化。$g$ 是方位角 $\psi$(未示意)的复方向图函数,可表示一般的椭圆极化。因此,$U$ 天线子阵和 $L$ 天线子阵的发射天线方向图是 Ket 矢量,即

$$U\rangle = \begin{bmatrix} g_U^p \\ g_U^n \end{bmatrix} \tag{3.58}$$

$$L\rangle = \begin{bmatrix} g_L^p \\ g_L^n \end{bmatrix} \tag{3.59}$$

在同一视轴偏角(未示意)下的接收方向图为 Bra 矢量,即

$$\langle U = \begin{bmatrix} g_U^{p*} & g_U^{n*} \end{bmatrix} \tag{3.60}$$

$$\langle L = \begin{bmatrix} g_L^{p*} & g_L^{n*} \end{bmatrix} \tag{3.61}$$

如前所述,假设发射信号的载波频率为 $f_T$。该值与期望的接收频率 $f_0$ 相比有所偏移。该偏移值对应反舰导弹平台运动引入的多普勒,因此有

$$f_T = f_0 + \delta f \tag{3.62}$$

为了简便起见,目前在这些表达式中忽略了脉冲压缩的相位调制项。这可以根据需要补充。如图 3.12 所示,目标处的信号由来自 $U$ 和 $L$ 子阵列的发射信号的和组成。

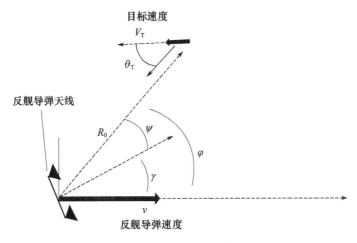

图 3.12　几何变量示意图

假设信号的幅度对应前面讨论的雷达距离方程,信号的相对相位则由于各子天线距离的不同而有所偏移。

$$S_t = U\rangle \cdot \cos\left[2\pi f_T\left(t - \frac{R_U}{c}\right)\right] + L\rangle \cdot \cos\left[2\pi f_T\left(t - \frac{R_L}{c}\right)\right] \tag{3.63}$$

设两个子天线间距为 $d$,则子天线的距离表达式为

$$R_U = R_0 - vt\cos(\varphi) - v_T t\cos(\theta_T) - \Delta R \tag{3.64}$$

$$R_L = R_0 - vt\cos(\varphi) - v_T t\cos(\theta_T) + \Delta R \tag{3.65}$$

$$\Delta R = \frac{d}{2} \cdot \sin(\psi) \tag{3.66}$$

$$\Phi \equiv \frac{\Delta R}{\lambda} = \frac{d}{2\lambda} \cdot \sin(\psi) \tag{3.67}$$

定义反舰导弹发射天线波束的和与差方向图为

$$\Sigma\rangle \equiv U\rangle + L\rangle \tag{3.68}$$

$$\Delta\rangle \equiv U\rangle - L\rangle \tag{3.69}$$

由于 $\delta f$ 远小于 $f_0$,目标处的发射信号可近似为

$$\varphi_1 = f_0 t + \delta f t + \frac{vt\cos(\varphi)}{\lambda} + \frac{v_T t\cos(\theta_T)}{\lambda} - \frac{R_0}{\lambda} \qquad (3.70)①$$

$$S_t = \boldsymbol{\Sigma}\rangle\cos(2\pi \cdot \varphi_1)\cos(2\pi\boldsymbol{\Phi}) - \boldsymbol{\Delta}\rangle\sin(2\pi \cdot \varphi_1)\sin(2\pi\boldsymbol{\Phi}) \qquad (3.71)$$

从散射单元反射的信号可用 $2 \times 2$ 的极化散射矩阵 $\boldsymbol{\Omega}$(前面给出了雷达散射截面的一般形式)表示。两个天线子阵($\boldsymbol{U}$ 和 $\boldsymbol{L}$)接收到的回波在天线网络中混合,形成 $\boldsymbol{\Sigma}$ 和 $\boldsymbol{\Delta}$ 两个接收信号。

$$\langle\boldsymbol{\Sigma} \equiv \langle\boldsymbol{U} + \langle\boldsymbol{L} \qquad (3.72)$$

$$\langle\boldsymbol{\Delta} \equiv \langle\boldsymbol{U} - \langle\boldsymbol{L} \qquad (3.73)$$

两个接收机的目标信号为

$$\varphi_2 = f_0 t + \delta f t + \frac{2vt\cos(\varphi)}{\lambda} + \frac{2v_T t\cos(\theta_T)}{\lambda} - \frac{2R_0}{\lambda} \qquad (3.74)$$

$$\boldsymbol{\Sigma} = A_S(R)\big[\cos(2\pi\varphi_2)\cos^2(2\pi\boldsymbol{\Phi})\langle\boldsymbol{\Sigma}|\boldsymbol{\Omega}|\boldsymbol{\Sigma}\rangle - \cos(2\pi\varphi_2)\sin^2(2\pi\boldsymbol{\Phi})\langle\boldsymbol{\Delta}|\boldsymbol{\Omega}|\boldsymbol{\Delta}\rangle -$$
$$\sin(2\pi\varphi_2)\cos(2\pi\boldsymbol{\Phi})\sin(2\pi\boldsymbol{\Phi})(\langle\boldsymbol{\Delta}|\boldsymbol{\Omega}|\boldsymbol{\Sigma}\rangle + \langle\boldsymbol{\Sigma}|\boldsymbol{\Omega}|\boldsymbol{\Delta}\rangle)\big] \qquad (3.75)②$$

$$\boldsymbol{\Delta} = A_S(R)\big[\cos(2\pi\varphi_2)\cos^2(2\pi\boldsymbol{\Phi})\langle\boldsymbol{\Delta}|\boldsymbol{\Omega}|\boldsymbol{\Sigma}\rangle - \cos(2\pi\varphi_2)\sin^2(2\pi\boldsymbol{\Phi})\langle\boldsymbol{\Sigma}|\boldsymbol{\Omega}|\boldsymbol{\Delta}\rangle -$$
$$\sin(2\pi\varphi_2)\cos(2\pi\boldsymbol{\Phi})\sin(2\pi\boldsymbol{\Phi})(\langle\boldsymbol{\Sigma}|\boldsymbol{\Omega}|\boldsymbol{\Sigma}\rangle + \langle\boldsymbol{\Delta}|\boldsymbol{\Omega}|\boldsymbol{\Delta}\rangle)\big] \qquad (3.76)$$

现在,引入以下变量,并对重复周期为脉冲重复间隔的脉冲 $p$ 的距离样本进行适当的近似:

$$\mathrm{PRI} = T \qquad (3.77)$$

$$\delta_f = \frac{-2v\cos\gamma}{\lambda} \qquad (3.78)$$

$$\beta = \frac{-4v_T\sin\gamma}{\lambda} \qquad (3.79)$$

$$f_D = \frac{2v_T\cos\theta_T}{\lambda} \qquad (3.80)$$

式(3.78)的变量是发射频率与式(3.62)中先前定义的接收机的标准载波频率之间的偏移量。式(3.79)的变量是一个无量纲变量,表示了天线指向与反舰导弹速度方向的正交程度。式(3.80)的变量表示目标径向速度分量的多普勒频率。

对于脉冲 $p$,在模数转换器处,射频处理输出的目标回波为

$$\boldsymbol{\Sigma} = A_S(R)\mathrm{e}^{\big[2\pi\mathrm{i}\{(\beta\boldsymbol{\Phi}+f_D T)p - \frac{2R_0}{\lambda}\}\big]}\big[\cos^2(2\pi\boldsymbol{\Phi})\langle\boldsymbol{\Sigma}|\boldsymbol{\Omega}|\boldsymbol{\Sigma}\rangle - \sin^2(2\pi\boldsymbol{\Phi})\langle\boldsymbol{\Delta}|\boldsymbol{\Omega}|\boldsymbol{\Delta}\rangle +$$
$$\mathrm{i}\cos(2\pi\boldsymbol{\Phi})\sin(2\pi\boldsymbol{\Phi})(\langle\boldsymbol{\Delta}|\boldsymbol{\Omega}|\boldsymbol{\Sigma}\rangle + \langle\boldsymbol{\Sigma}|\boldsymbol{\Omega}|\boldsymbol{\Delta}\rangle)\big] \qquad (3.81)$$

---

① 译者注:译者将原书中的 arg1 写成 $\varphi_1$,以规范公式。

② 译者注:相对于原书,公式中的矢量加粗表示,以符合国内标准。此处及后续公式中将原书中的 "arg1" 用 "$\varphi_1$" 表示,"arg2" 用 "$\varphi_2$" 表示。

$$\Delta = A_S(R) e^{\left[2\pi i\left\{(\beta\Phi+f_D T)p - \frac{2R_0}{\lambda}\right\}\right]}\left[\cos^2(2\pi\Phi)\langle\Delta|\Omega|\Sigma\rangle - \sin^2(2\pi\Phi)\langle\Sigma|\Omega|\Delta\rangle + \right.$$
$$\left. i\cos(2\pi\Phi)\sin(2\pi\Phi)(\langle\Sigma|\Omega|\Sigma\rangle + \langle\Delta|\Omega|\Delta\rangle)\right] \tag{3.82}$$

在信号处理过程中,对采集的相参处理间隔中的 $P$ 个脉冲,通常采用离散傅里叶变换(时间窗函数可用于降低多普勒滤波器旁瓣)将两组数据进行累积,以将每个距离单元对应的 $P$ 个时间样本转换为该距离单元的 $P$ 个多普勒样本,如第 2 章所述。因此,$\Sigma$ 通道中 $R_0$ 处目标的样本峰值可在多普勒域表征。

$$f_d \cdot T = \beta\Phi + f_D T \tag{3.83}$$

将此结果代入前式(3.81)和式(3.82),则在 $\Sigma$ 通道幅度峰值处,两个接收阵列的距离 – 多普勒单元可表示为

$$\Sigma = P A_S(R) e^{\left[-2\pi i\frac{2R_0}{\lambda}\right]}\left[\cos^2(2\pi\Phi)\langle\Sigma|\Omega|\Sigma\rangle - \sin^2(2\pi\Phi)\langle\Delta|\Omega|\Delta\rangle + \right.$$
$$\left. i\cos(2\pi\Phi)\sin(2\pi\Phi)(\langle\Delta|\Omega|\Sigma\rangle + \langle\Sigma|\Omega|\Delta\rangle)\right] \tag{3.84}$$

$$\Delta = P A_S(R) e^{\left[-2\pi i\frac{2R_0}{\lambda}\right]}\left[\cos^2(2\pi\Phi)\langle\Delta|\Omega|\Sigma\rangle - \sin^2(2\pi\Phi)\langle\Sigma|\Omega|\Delta\rangle + \right.$$
$$\left. i\cos(2\pi\Phi)\sin(2\pi\Phi)(\langle\Sigma|\Omega|\Sigma\rangle + \langle\Delta|\Omega|\Delta\rangle)\right] \tag{3.85}$$

在 $p$ 极化 $\Sigma$ 波束方向图中,主要项为平方项。以 $\sigma_{pp}$ 表示 $\Omega$ 的主分量,则上两式中的主要项为

$$\Sigma = P A_S(R) e^{\left[-2\pi i\frac{2R_0}{\lambda}\right]}\left[\cos^2(2\pi\Phi)(|g_\Sigma^p(\psi)|)^2\sigma_{pp}\right] \tag{3.86}$$

$$\Delta = P A_S(R) e^{\left[-2\pi i\frac{2R_0}{\lambda}\right]}\left[\cos^2(2\pi\Phi)g_\Delta^{p*}(\psi)g_\Sigma^p(\psi)\sigma_{pp} + \right.$$
$$\left. i\cos(2\pi\Phi)\sin(2\pi\Phi)(|g_\Sigma^p(\psi)|)^2\sigma_{pp}\right] \tag{3.87}$$

典型的反舰导弹传感器处理如图 3.13 所示,仅使用 $\Sigma$ 通道数据进行目标检测、分类和大多数电子防护工作。$\Sigma$ 通道中的数据通常被组织成距离 – 多普勒阵列,$\Delta$ 通道中的数据也是类似的。$\Sigma$ 通道数据阵列通常通过恒虚警率检测类算法进行处理,检测有效幅度数据的单元,以获取潜在目标。而后进行目标分类和电子防护。在跟踪模式下,数据阵列中目标区域周围将形成各种跟踪门,以对抗各种电子攻击,如诱骗技术。此外,$\Delta$ 通道中的对应单元将用于进行单脉冲比值,以提取额外的制导信息。

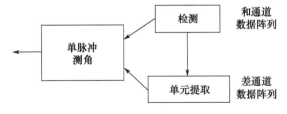

图 3.13　典型的反舰导弹传感器处理示意图

从式(3.86)和式(3.87)可以得到单脉冲比为

$$\frac{\Delta}{\Sigma} = \mathrm{i}\tan(2\pi\Phi) + \frac{g_\Delta^{p\,*}(\psi)}{g_\Sigma^{p\,*}(\psi)} \tag{3.88}$$

考虑式(3.67),可简化为

$$\frac{\Delta}{\Sigma} = \mathrm{i}\frac{d\pi}{\lambda}\psi \tag{3.89}$$

单脉冲的概念将在下面进一步讨论。

## 3.5  转发式电子攻击模型和数字射频存储

数字射频存储设备可使电子攻击系统高保真地存储传感器发射的信号,然后经过各种调制并发送回传感器[2,6]。基于数字射频存储的电子攻击系统可通过重复一个或多个虚假回波实现欺骗,也可以发射压制式或噪声干扰,以掩盖航空母舰和/或其他目标的回波。

对基于数字射频存储的电子攻击系统重复前面的分析。这里首先考虑雷达距离方程。反舰导弹雷达在距离 $R$ 处向干扰系统发送峰值功率为 $P_{PK}$ 的信号,所传递的雷达信号峰值功率密度为

$$I_{rt} = \frac{P_{PK}G_\Sigma(\psi)}{4\pi R^2} \tag{3.90}$$

电子攻击系统接收到的功率为

$$P_{rt} = \frac{P_{PK}G_\Sigma(\psi)G_J(\psi')\lambda^2}{(4\pi)^2 R^2} \tag{3.91}$$

该能量信号由干扰接收机接收,而后这个电子攻击系统发射干扰信号,传回反舰导弹天线。使用下标 J 标识电子攻击系统的相应参数,则反舰导弹天线接收的干扰功率密度为

$$I_J = \frac{P_J G_J(\psi')}{4\pi R^2} \tag{3.92}$$

考虑反舰导弹传感器天线的有效面积与其方向图的关系,可得导引头的 $\Sigma$ 通道接收到的干扰功率为

$$P_{rJ} = \frac{P_J G_\Sigma(\psi)G_J(\psi')\lambda^2}{(4\pi)^2 R^2} \tag{3.93}$$

该近似结果是对应单脉冲条件下的假目标干扰或压制式干扰的雷达距离方程。最值得注意的是,功率值与距离的平方成反比。对于一个可行的假目标,全相参处理间隔的功率随 $P^2$ 变化。对于压制噪声电子攻击,全相参处理间隔的功率随

$P$ 而变化。各种噪声干扰技术还会使用部分脉冲相参来获得额外的增益。

同样,我们主要关注反舰导弹雷达处的电场。下面考虑接收到的电子攻击信号电场的相位,电子攻击系统处的信号与目标表达式中的信号相同,即

$$\varphi_1 = f_0 t + \delta_f t + \frac{vt\cos(\varphi)}{\lambda} + \frac{v_T t \cos(\theta_T)}{\lambda} - \frac{R_0}{\lambda} \tag{3.94}$$

$$S = \boldsymbol{\Sigma} \rangle \cos(2\pi\varphi_1)\cos(2\pi\Phi) - \boldsymbol{\Delta} \rangle \sin(2\pi\varphi_1)\sin(2\pi\Phi) \tag{3.95}$$

该信号的相位变化被电子攻击系统接收,可表示为

$$S_{EA} = \langle \boldsymbol{\Sigma}_J | \boldsymbol{\Sigma} \rangle \cos(2\pi\varphi_1)\cos(2\pi\Phi) - \langle \boldsymbol{\Sigma}_J | \boldsymbol{\Delta} \rangle \sin(2\pi\varphi_1)\sin(2\pi\Phi) \tag{3.96}$$

该信号由电子攻击系统进行射频处理,并通过数字射频存储。然后可能经过距离延迟和多普勒移频后再发回反舰导弹(对于长脉冲,电子攻击系统甚至可以仅发射部分脉冲)。对于假目标,结果与上述类似。这将在后面分析给出。目前为止,我们假设被发送回反舰导弹传感器的信号为压制噪声。这里假设一个简单的噪声模型。模型中的随机相位为 $\eta_p^J$。该相位体现在脉冲 $p$ 中,并可能随距离变化。参照 3.4 节的逻辑推理过程,可得反舰导弹接收机中的压制噪声信号为

$$\varphi_2 = f_0 t + \delta f t + \frac{2vt\cos(\varphi)}{\lambda} - \frac{2R_J}{\lambda} + \eta_p^J \tag{3.97}$$

$$\begin{aligned} \boldsymbol{\Sigma} = A_J(R) \big[ &\cos(2\pi\varphi_2)\cos^2(2\pi\Phi)\langle \boldsymbol{\Sigma} | \boldsymbol{\Sigma}_J \rangle \langle \boldsymbol{\Sigma}_J | \boldsymbol{\Sigma} \rangle - \\ &\cos(2\pi\varphi_2)\sin^2(2\pi\Phi)\langle \boldsymbol{\Delta} | \boldsymbol{\Sigma}_J \rangle \langle \boldsymbol{\Sigma}_J | \boldsymbol{\Delta} \rangle - \\ &\sin(2\pi\varphi_2)\cos(2\pi\Phi)\sin(2\pi\Phi)(\langle \boldsymbol{\Delta} | \boldsymbol{\Sigma}_J \rangle \langle \boldsymbol{\Sigma}_J | \boldsymbol{\Sigma} \rangle + \langle \boldsymbol{\Sigma} | \boldsymbol{\Sigma}_J \rangle \langle \boldsymbol{\Sigma}_J | \boldsymbol{\Delta} \rangle) \big] \end{aligned}$$

$$\tag{3.98}$$

$$\begin{aligned} \boldsymbol{\Delta} = A_J(R) \big[ &\cos(2\pi\varphi_2)\cos^2(2\pi\Phi)\langle \boldsymbol{\Delta} | \boldsymbol{\Sigma}_J \rangle \langle \boldsymbol{\Sigma}_J | \boldsymbol{\Sigma} \rangle - \\ &\cos(2\pi\varphi_2)\sin^2(2\pi\Phi)\langle \boldsymbol{\Sigma} | \boldsymbol{\Sigma}_J \rangle \langle \boldsymbol{\Sigma}_J | \boldsymbol{\Delta} \rangle - \\ &\sin(2\pi\varphi_2)\cos(2\pi\Phi)\sin(2\pi\Phi)(\langle \boldsymbol{\Sigma} | \boldsymbol{\Sigma}_J \rangle \langle \boldsymbol{\Sigma}_J | \boldsymbol{\Sigma} \rangle + \langle \boldsymbol{\Delta} | \boldsymbol{\Sigma}_J \rangle \langle \boldsymbol{\Sigma}_J | \boldsymbol{\Delta} \rangle) \big] \end{aligned}$$

$$\tag{3.99}$$

根据接收机的 $IQ$ 处理,两个复样本可表示为

$$\begin{aligned} \boldsymbol{\Sigma} = A_J(R) e^{\left[ 2\pi i \left( \beta\Phi - \frac{2R_J}{\lambda} + \eta_p^J \right) \right]} \big[ &\cos^2(2\pi\Phi)\langle \boldsymbol{\Sigma} | \boldsymbol{\Sigma}_J \rangle \langle \boldsymbol{\Sigma}_J | \boldsymbol{\Sigma} \rangle - \\ &\sin^2(2\pi\Phi)\langle \boldsymbol{\Delta} | \boldsymbol{\Sigma}_J \rangle \langle \boldsymbol{\Sigma}_J | \boldsymbol{\Delta} \rangle + \\ &i\cos(2\pi\Phi)\sin(2\pi\Phi)(\langle \boldsymbol{\Delta} | \boldsymbol{\Sigma}_J \rangle \langle \boldsymbol{\Sigma}_J | \boldsymbol{\Sigma} \rangle + \langle \boldsymbol{\Sigma} | \boldsymbol{\Sigma}_J \rangle \langle \boldsymbol{\Sigma}_J | \boldsymbol{\Delta} \rangle) \big] \end{aligned} \tag{3.100}$$

$$\begin{aligned} \boldsymbol{\Delta} = A_J(R) e^{\left[ 2\pi i \left( \beta\Phi - \frac{2R_J}{\lambda} + \eta_p^J \right) \right]} \big[ &\cos^2(2\pi\Phi)\langle \boldsymbol{\Delta} | \boldsymbol{\Sigma}_J \rangle \langle \boldsymbol{\Sigma}_J | \boldsymbol{\Sigma} \rangle - \\ &\sin^2(2\pi\Phi)\langle \boldsymbol{\Sigma} | \boldsymbol{\Sigma}_J \rangle \langle \boldsymbol{\Sigma}_J | \boldsymbol{\Delta} \rangle + \\ &i\cos(2\pi\Phi)\sin(2\pi\Phi)(\langle \boldsymbol{\Sigma} | \boldsymbol{\Sigma}_J \rangle \langle \boldsymbol{\Sigma}_J | \boldsymbol{\Sigma} \rangle + \langle \boldsymbol{\Delta} | \boldsymbol{\Sigma}_J \rangle \langle \boldsymbol{\Sigma}_J | \boldsymbol{\Delta} \rangle) \big] \end{aligned} \tag{3.101}$$

其中,$\Sigma$ 波束中信号的主项是二次项,而差支路为线性项。

$$\boldsymbol{\Sigma} = A_J(R) e^{\left[ 2\pi i \left( \beta\Phi - \frac{2R_J}{\lambda} + \eta_p^J \right) \right]} \big[ \cos^2(2\pi\Phi)\langle \boldsymbol{\Sigma} | \boldsymbol{\Sigma}_J \rangle \langle \boldsymbol{\Sigma}_J | \boldsymbol{\Sigma} \rangle \big] \tag{3.102}$$

$$\Delta = A_J(R) \mathrm{e}^{\left[2\pi i\left(\beta\Phi - \frac{2R_J}{\lambda} + \eta_p^J\right)\right]}\left[\cos^2(2\pi\Phi)\langle\Delta|\Sigma_J\rangle\langle\Sigma_J|\Sigma\rangle + \right.$$
$$\left. i\cos(2\pi\Phi)\sin(2\pi\Phi)(\langle\Sigma|\Sigma_J\rangle\langle\Sigma_J|\Sigma\rangle)\right] \quad (3.103)$$

如 3.4 节所述,考虑式(3.102)和式(3.103),则电子攻击信号对应的单脉冲测角和差比可表示为

$$\frac{\Delta}{\Sigma} = \mathrm{i}\tan(2\pi\Phi) + \frac{\langle\Delta|\Sigma_J\rangle}{\langle\Sigma|\Sigma_J\rangle} \quad (3.104)$$

参考式(3.67),该表达式可近似为

$$\frac{\Delta}{\Sigma} = \mathrm{i}\frac{d\pi}{\lambda}\psi \quad (3.105)$$

需要注意的是,该情况下得到的角度是电子攻击系统相对于反舰导弹天线视轴的偏移角,而非目标对应的偏移角。

## 3.6 模型概述

综上所述各种表达式可与接收机噪声模型综合使用。其中的噪声假定为白噪声。对单个相参处理间隔的处理会生成两个距离 – 多普勒数据阵列。对每个距离 – 多普勒单元,数据通常可由以下形式组合表达:

$$\Sigma = \Sigma_S + \Sigma_J + \Sigma_N \quad (3.106)$$

$$\Delta = \Delta_S + \Delta_J + \Delta_N \quad (3.107)$$

有些情况下,基于式(3.89)和式(3.105),式(3.107)可近似为

$$\Delta = \mathrm{i}K\psi_S\Sigma_S + \mathrm{i}K\psi_J\Sigma_J + \Delta_N \quad (3.108)$$

如前所述,对于每个相参处理间隔,我们可得到 $\Sigma$ 通道与对应 $\Delta$ 通道的数据阵列。在搜索模式下,反舰导弹通过恒虚警率检测类算法检测每个单元,以确定可能包含感兴趣目标的单元。在所有这些潜在的单元被检测估计后,反舰导弹切换到跟踪模式。在跟踪模式下,反舰导弹通过构建和实施各种标准的跟踪波门,重点关注选定的距离 – 多普勒单元。天线通常指向目标的方向。测量结果用于支持制导子系统。本书其余部分主要关注分类模式。分类模式的目的是确定最可能包含目标回波的距离 – 多普勒单元。该模式可以理解为假设检验的一种形式。

参考第 1 章提到的对抗策略。策略 1 由航空母舰和单个诱饵构成。对于待检测的 $\Sigma$ 通道的 $P$ 个样本的距离 – 多普勒阵列,除航空母舰和诱饵对应的两个单元外,每个单元只包含噪声。进一步假设这两个单元包含的样本信号电平比其他单元高,如图 3.14 所示。

因此,假设对这两个单元进行检测(注意,该图表示特定天线指向角下的距离 – 多普勒阵列)。每个单元都将检测是否包含目标或诱饵。分类任务与两个距

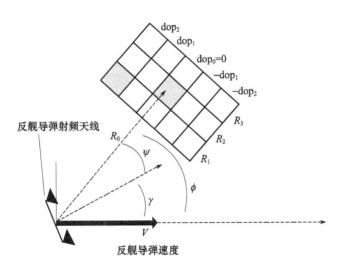

图 3.14　策略 1 和通道阵列中两个待测试单元示意

离 – 多普勒单元的假设检验相关,判断属于以下选项之一,即

$$H_0 : \Sigma = \Sigma_S + \Sigma_N \tag{3.109}$$

$$H_1 : \Sigma = \Sigma_J + \Sigma_N \tag{3.110}$$

策略 2 由航空母舰和一个舷外平台构成,后者使用某种形式的电子攻击来保护航空母舰,如电子假目标。此外,也可能存在舰队所需的反舰导弹目标诱饵。在这种情况下,反舰导弹可能有多个单元需要检测,而电子攻击的状态可能会随着时间变化。每个单元的基本检测与式(3.109)和式(3.110)所示相同,它们或包含感兴趣目标,或包含电子攻击系统生成的假目标,或是诱饵(或是非感兴趣目标舰船)。

策略 3 由航空母舰和/或另一个使用压制干扰的平台构成。一般来说,电子攻击可能包括一些电子假目标的组合运用。此外,也可能存在舰船所需的反舰导弹目标诱饵。后一情况的目标检测主要依据式(3.109)或式(3.110)。

在压制噪声式电子攻击的情况下,每个单元包含重要的幅度信息。处理的目的是确定同时包含目标回波和干扰的单元。在这种情况下,对应所有单元的假设检验为

$$H_0 : \Sigma = \Sigma_S + \Sigma_J + \Sigma_N \tag{3.111}$$

$$H_1 : \Sigma = \Sigma_J + \Sigma_N \tag{3.112}$$

最后,后续值得注意的是,除了结合来自 $\Delta$ 通道的对应单元数据来形成角度(相对于天线中心线的视线)估计所需的单脉冲测角比外,传统的反舰导弹传感器仅使用 $\Sigma$ 通道数据阵列来完成所有功能。第 6 章会提到现代反舰导弹传感器使用了由 $\Sigma$ 通道和 $\Delta$ 通道阵列组成的全阵列($2P$ 个)数据。直观来看,双通道优化

处理处理了两倍的数据,应该能获得更好的性能。

考虑离散傅里叶变换(多普勒处理)之前的来自两个接收机的数据。基于式(3.81)和式(3.82),通过综合 $\Sigma$ 接收机和 $\Delta$ 接收机数据,可对距离条带内的每个样本形成两个新的组合表达式。对每个脉冲 $p$ 计算正负分量,可形成目标回波矢量。该矢量由 $2P$ 个分量组成,对应持续时间为 $PT$ 的相参处理间隔。这个新的矢量为

$$X_{S+}(p) = A_S(R) e^{\left[2\pi i(\beta\Phi + f_D T)p - \frac{2R_0}{\lambda}\right]} e^{+2\pi i\Phi} S_+ \tag{3.113}$$

$$X_{S-}(p) = A_S(R) e^{\left[2\pi i(\beta\Phi + f_D T)p - \frac{2R_0}{\lambda}\right]} e^{+2\pi i\Phi} S_- \tag{3.114}$$

为了完整性和在后续章节中的使用,需要考虑以下替代表达式

$$S_+ = \cos(2\pi\Phi)(\langle\Sigma|\Omega|\Sigma\rangle + \langle\Delta|\Omega|\Sigma\rangle) + i\cdot\sin(2\pi\Phi)(\langle\Delta|\Omega|\Delta\rangle + \langle\Sigma|\Omega|\Delta\rangle)$$
$$\tag{3.115}$$

$$S_- = \cos(2\pi\Phi)(\langle\Sigma|\Omega|\Sigma\rangle - \langle\Delta|\Omega|\Sigma\rangle) - i\cdot\sin(2\pi\Phi)(\langle\Delta|\Omega|\Delta\rangle - \langle\Sigma|\Omega|\Delta\rangle)$$
$$\tag{3.116}$$

$$2S_+ = \exp(2\pi i\Phi)(\langle\Sigma|\Omega|\Sigma\rangle + \langle\Delta|\Omega|\Sigma\rangle + \langle\Sigma|\Omega|\Delta\rangle + \langle\Delta|\Omega|\Delta\rangle) +$$
$$\exp(-2\pi i\Phi)(\langle\Sigma|\Omega|\Sigma\rangle + \langle\Delta|\Omega|\Sigma\rangle - \langle\Sigma|\Omega|\Delta\rangle - \langle\Delta|\Omega|\Delta\rangle) \tag{3.117}$$

$$2S_- = \exp(2\pi i\Phi)(\langle\Sigma|\Omega|\Sigma\rangle - \langle\Delta|\Omega|\Sigma\rangle + \langle\Sigma|\Omega|\Delta\rangle - \langle\Delta|\Omega|\Delta\rangle) +$$
$$\exp(-2\pi i\Phi)(\langle\Sigma|\Omega|\Sigma\rangle - \langle\Delta|\Omega|\Sigma\rangle - \langle\Sigma|\Omega|\Delta\rangle + \langle\Delta|\Omega|\Delta\rangle) \tag{3.118}$$

同理,根据式(3.100)和式(3.101),对应每个距离样本,电子攻击噪声干扰的 $\Sigma$ 输出和 $\Delta$ 输出的公式还可以表示为有 $2P$ 个分量的 $X$ 矢量,即

$$X_{J+}(p) = A_J(R) e^{\left[2\pi i\left(\beta\Phi_p - \frac{2R_J}{\lambda} + \eta_p^J\right)\right]} e^{+2\pi i\Phi} J_+ \tag{3.119}$$

$$X_{J-}(p) = A_J(R) e^{\left[2\pi i\left(\beta\Phi_p - \frac{2R_J}{\lambda} + \eta_p^J\right)\right]} e^{+2\pi i\Phi} J_- \tag{3.120}$$

$$J_+ = \cos(2\pi\Phi)[\langle\Sigma|\Sigma_J\rangle\langle\Sigma_J|\Sigma\rangle + \langle\Delta|\Sigma_J\rangle\langle\Sigma_J|\Sigma\rangle] +$$
$$i\cdot\sin(2\pi\Phi)[\langle\Sigma|\Sigma_J\rangle\langle\Sigma_J|\Delta\rangle + \langle\Delta|\Sigma_J\rangle\langle\Sigma_J|\Delta\rangle] \tag{3.121}$$

$$J_- = \cos(2\pi\Phi)[\langle\Sigma|\Sigma_J\rangle\langle\Sigma_J|\Sigma\rangle - \langle\Delta|\Sigma_J\rangle\langle\Sigma_J|\Sigma\rangle] +$$
$$i\cdot\sin(2\pi\Phi)[\langle\Sigma|\Sigma_J\rangle\langle\Sigma_J|\Delta\rangle - \langle\Delta|\Sigma_J\rangle\langle\Sigma_J|\Delta\rangle] \tag{3.122}$$

因此,对于相参处理间隔内的距离采样,可以处理这样的包含 $2P$ 个分量数据阵列,而不是 $\Sigma$ 通道和 $\Delta$ 通道数据。

$$X = X_S + X_J + X_N \tag{3.123}$$

对策略 1,与式(3.109)和式(3.110)对应的表达式为

$$H_0 : X = X_S + X_N \tag{3.124}$$

$$H_1 : X = X_J + X_N \tag{3.125}$$

对压制噪声电子攻击,与式(3.111)和式(3.112)对应的表达式为

$$H_0 : X = X_S + X_J + X_N \tag{3.126}$$

$$H_1 : X = X_J + X_N \tag{3.127}$$

## 3.7 检测、分类与电子防护

反舰导弹通常掌握期望目标的先验信息,包括目标类型、雷达散射截面积和位置。在逼近目标过程中,反舰导弹按照选定航路点飞行,并可能会爬升到雷达水平面以上更新上述信息。最后一次爬升即是反舰导弹末段的开始。一旦进入末段,反舰导弹大约有 30s 的时间来检测可能的目标,并选择合适的目标,以进行制导。

在搜索模式或再捕获模式中,除非反舰导弹从开始辐射就受到压制式噪声电子攻击,否则通常情况下反舰导弹传感器会成功检测到目标。为了不暴露船舶目标的位置,压制式噪声电子攻击必须由不在任何目标视线上的干扰源产生,否则烧穿距离会暴露舰船位置。

一旦选定目标,跟踪模式下的测量就足以引导反舰导弹自动到达目标位置。因此,舰船防御电子攻击的目标必须是诱使反舰导弹传感器选择和跟踪一个舷外诱饵作为目标。对于此,行业内的一个常见的说法是,电子攻击的目标是使诱饵看起来更像目标,而使舰船看起来更不像目标。从舰船电子攻击的视角来看,基于现代电子战的信息作战是一场使舷外诱饵具备航空母舰特征,以及或隐藏或破坏航空母舰特征的战斗。

反舰导弹传感器及其 DSP 的关键功能是通过复杂、快速的数字信号处理实施电子防护算法,避免受到上述影响。从反舰导弹的视角来看,电子战的信息作战的目标是测量被检测单元中各种可能目标的参数,并通过提取目标特征来优化选择正确的目标。

综上所述,数据阵列中的每个距离或距离 – 多普勒单元数据为幅度值或大小和相位值。通过利用这些数据的特征信息,可进行假设检验,以推测该单元是否包含目标、最佳目标、欺骗数据(如假目标或压制噪声)或接收机噪声。对于选定的数据单元,它包含了距离值、径向速度和雷达视轴偏移角等信息。反舰导弹在每个相参处理间隔都会生成这些信息,并会连续地将这些信息发送到反舰导弹制导子系统。对数据阵列中的单元进行目标分类是电子防护的关键功能。电子防护任务可利用的参数涵盖表 3.5 中列出的各参数项。这将在后续章节中进行讨论。传感器处理的最终目标是引导反舰导弹作用到期望的舰船目标上去。

表 3.5 目标电子防护处理所需的通用参数

| 距离和距离统计参量 |
| --- |
| 多普勒和多普勒统计参量 |
| 距离和多普勒图像参量(稀疏和密集度) |
| 角度和角度统计参量 |
| 幅度和幅度统计参量 |
| 极化信息 |

 参考文献

[1] Tsui,J. ,*Digital Techniques for Wideband Receivers*,Norwood,MA:Artech House,2001.

[2] Chen,V. C. ,*The Micro – Doppler Effect in Radar*,Norwood,MA:Artech House,2011.

[3] Schleher,D. C. ,*Electronic Warfare in the Information Age*,Norwood,MA:Artech House,1999.

[4] Pace,P. E. ,*Detecting and Classifying Low Probability of Intercept Radar*,Norwood,MA:Artech House,2009.

[5] Richards,M. A. ,*Fundamentals of Radar Signal Processing*,New York,NY:McGraw – Hill,2005.

[6] Wehner,D. ,*High – Resolution Radar*,Norwood,MA:Artech House,1995.

# 第 4 章

# 面目标电子防护信号处理

本书后面将讲述现代实用的电子防护技术。这些技术组合了最先进的雷达技术和高速数字信号处理器。传统雷达传感器的测量信息存在模糊,如今现代传感器已取代传统传感器。现代传感器收集精确的数字数据,并采用了多个有针对性的快速数字信号处理算法。随着检测和跟踪能力的大大提高,这些数字信号处理算法的主要目的是确保传感器锁定到正确的目标上,也就是说,确保传感器不被诱饵所欺骗。

本章描述了几种反舰导弹雷达电子防护技术。这些技术通过雷达散射截面测量值的统计和物理特性来揭示海军面目标的真实性质。雷达散射截面的统计量包括均值、方差和时间相关性等。这些实用的电子防护技术可以对抗当前的电子攻击策略。这些电子攻击策略依赖于产生各种假目标,包括电子产生的假目标、反射物诱饵以及箔条。无论电子攻击系统是舰载的还是舷外的,舰队若要成功地使用诱饵和假目标干扰,它们都必须成功地模拟真实舰船目标的回波特性。

本章详细地介绍了舰队对抗反舰导弹末段的基本电子攻击策略。每个策略的最终目标都是欺骗反舰导弹传感器选择和跟踪伪装成高价值目标的舷外诱饵。电子攻击策略可以假设反舰导弹传感器在对抗开始时选择了舷外诱饵或者没有选择舷外诱饵。如果假设没有选择舷外诱饵,电子攻击必须在对抗过程中抑制反舰导弹选择真实目标或者诱使反舰导弹选择诱饵。

4.1 节描述了基于数字射频存储的电子攻击系统产生的假目标的特性。如果这个目标是诱饵目标,则必须模拟真实的目标特征,同时在多维空间中以逼真的物理方式运动。另一种由数字射频存储构成的电子攻击系统的对抗策略是产生不同距离和多普勒效应的多个假目标,从而增加反舰导弹传感器所观察到的场景混乱程度,以降低反舰导弹传感器选择正确目标的概率。本节还讨论了利用目标群特性的各种电子防护技术。数字射频存储为电子战工程师在虚假目标的特性生成方面提供了极大的灵活性。然而,为了成功干扰反舰导弹,电子战工程师必须认识到反舰导弹传感器的电子防护能力。

4.2 节描述了几种采用反射手段生成无源诱饵的特性。这些基于反射物的诱饵通常部署在漂浮的平台上。本节比较了该无源诱饵与真正的舰船目标的特性，详细介绍了无源诱饵的优缺点。

自 20 世纪 40 年代以来，箔条是一种常见的无源假目标。中国的研究人员已经发表了几种技术来解决反舰导弹对箔条的电子防护问题。这些技术将在 4.3 节中描述。这些论文介绍了海军电子战领域普遍采用的各种指标和术语。4.3 节还描述了这些技术的基本原理以及各种简单的演变和实现。此外，还介绍了舰队如何利用电子防护技术作为防御电子攻击的策略的一部分。

4.4 节讨论了反舰导弹传感器使用多个相参接收机来获得面目标的特性。传感器使用两个相参接收机测量两个接收机信道中的相参回波的比值实现了单脉冲角度测量，从而提高了制导能力，并且通过单脉冲测角的统计，可以将面目标与点状虚假目标区分开。经典的对抗单脉冲测角方式是使用双相参干扰源（DCS）干扰进行角度欺骗。双相参干扰源技术包括交叉极化干扰、交叉眼干扰和地形弹射，以及这些技术的各种组合。本节还简要总结了双相参干扰源电子攻击，它可以用来更好地模拟面目标，从而对抗单脉冲测角技术。

## 4.1 目标分类：假目标

现代电子战面临的现实情况是现代雷达制导的反舰导弹在交战末段将探测其选定距离带内的一个或多个海军目标。传感器将使用先验信息来帮助选择可能是航空母舰的最佳目标（这个目标被认定为最佳的高价值目标）。然后传感器将跟踪这个目标，同时可能监视其视场中的多个目标。为了提高性能，反舰导弹将在交战阶段将发射天线波束指向所选目标的方向。图 4.1 给出了这个几何关系图（没有按比例绘制）。

如果反舰导弹传感器处于跟踪模式，并将其天线指向高价值目标，则高价值目标将通常位于反舰导弹天线波束的视线上，这被称作假设 $H_0$。如果反舰导弹传感器处于跟踪模式，并且指向诱饵（假设 $H_1$），那么高价值目标将偏离反舰导弹的天线波束方向。

$$H_0 : \psi_s = 0 \tag{4.1}$$

$$H_1 : \psi_s = \frac{M}{R_0} \tag{4.2}$$

如果两个目标（诱饵和高价值目标）在角度上接近，并且在特征上几乎相同，那么反舰导弹选择诱饵（$H_1$）的概率为 0.5。舰艇编队可以采用电子攻击策略来提高其生存能力。舰队电子攻击的最终目标是增加反舰导弹传感器选择诱饵（$H_1$）

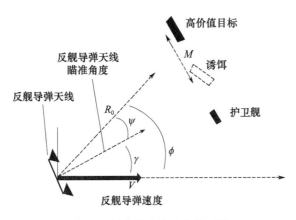

图 4.1　简化的交战几何关系图

的概率,以及降低反舰导弹传感器选择高价值目标($H_0$)的概率。

防御策略的一个例子(策略 3)是产生压制噪声干扰来隐藏高价值目标。最初的目标是迫使反舰导弹传感器进入跟踪干扰源模式。这类电子攻击可以从诱饵、高价值目标或护卫舰发射。如果压制干扰是由诱饵产生的,那么目标是使反舰导弹传感器保持在跟踪干扰源状态,直到反舰导弹足够接近以至于不能成功地转移跟踪舰船目标。除非式(4.2)中到高价值目标的角度足够大,否则会发生烧穿,那样的话反舰导弹将重新成功机动到高价值目标上去。现代反舰导弹具有高度的可操作性。图 4.2 显示了反舰导弹传感器锁定在诱饵产生的压制干扰上,并向诱饵方向飞行。图的左下方是来自相参处理间隔的距离 – 多普勒数据阵列,从中只能看到噪声。在没有其他有用数据的情况下,反舰导弹使用单脉冲测量来向诱饵即电子攻击的来源方向进行制导。

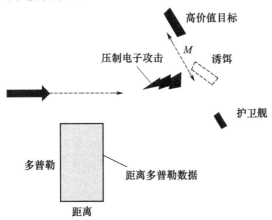

图 4.2　诱饵产生的压制干扰示意图

在另外两种情况下(压制干扰来自其中一艘舰船),该对抗策略必须在发生烧穿之前,使反舰导弹从跟踪干扰源转向跟踪诱饵,因为反舰导弹传感器这时是指向并跟踪舰船的。如果诱饵带有数字射频存储器,则诱饵可以产生假目标以模拟烧穿。图4.3说明了产生假目标的场景。

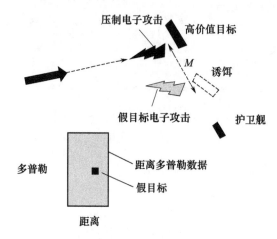

图4.3　诱饵产生的假目标示意图

图4.4给出了诱饵所产生的假目标成功使反舰导弹切换到跟踪该假目标的示意图。当天线指向诱饵时,高价值目标的幅度和压制干扰的幅度都会降低。

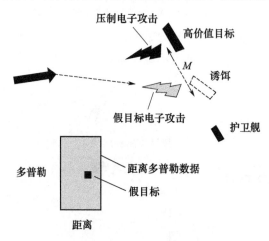

图4.4　诱饵成功地产生假目标示意图

在1990年美国在海军舰艇上进行了先进技术演示项目测试。该测试演示了以下的电子攻击策略。该测试场景中包括角度上靠近高价值目标,在离高价值目标约500m的舷外无源诱饵。高价值目标上的电子攻击系统发射包含压制干扰和模拟舰船烧穿的维系脉冲。这些维系脉冲设置在与舰船相距大约 500m 的距离上。图 4.5 说明了这种几何关系。

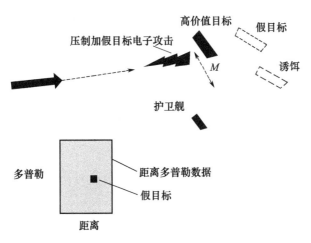

图 4.5 舰载电子攻击策略示意图

如前所述,反舰导弹传感器在跟踪模式中采用较窄的跟踪门,以保护传感器免受干扰的影响。图 4.6 描述了反舰导弹传感器跟踪电子攻击产生的假目标的情况。

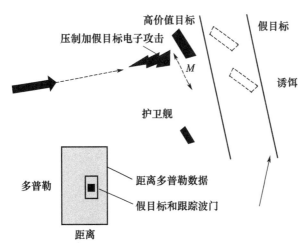

图 4.6 反舰导弹传感器跟踪假目标示意图

一旦假定反舰导弹传感器进入跟踪模式,则中止来自高价值目标的干扰。由于跟踪波门在距离和多普勒上较窄,而天线波束宽约 10°,所以当电子攻击中断时,反舰导弹传感器的距离 - 多普勒门中仍然存在目标(只有诱饵)。因此,反舰导弹传感器继续处于跟踪模式,只是现在反舰导弹跟踪的是诱饵,如图 4.7 所示。此时压制干扰和假目标干扰都停止了。

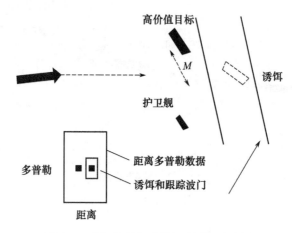

图 4.7  反舰导弹传感器跟踪诱饵示意图

只要反舰导弹传感器沿着高价值目标的方向观察,就有可能最终检测和选择高价值目标。电子战工程师必须设定一个目标,使得反舰导弹传感器在交战中尽快远离高价值目标,如前面所描述的策略。最有效的电子攻击方法是使反舰导弹传感器保持其跟踪状态,但是诱使传感器选择在角度上与高价值目标分离的假目标。

只要反舰导弹传感器跟踪舷外诱饵,它就不会执行任何策略来找到高价值目标。因此,为保护高价值目标,要求在各种距离和多普勒频率下产生具有与实际高价值目标相似特性的虚假目标(电子假目标和有/无源诱饵)。本书的重点是反舰导弹传感器的目标分类。目标分类是反舰导弹传感器的关键电子防护任务。为了获得成功,电子战工程师必须了解高价值目标的几个特性。这些特性可以在几秒钟内被反舰导弹传感器测量到。

从目标或电子攻击系统观测到的反舰导弹雷达发射的功率密度为

$$I_{rt} = \frac{P_A G_A(\Psi)}{4\pi R^2}$$
(4.3)

电子攻击系统接收到的功率为

$$P_{rt} = \frac{P_A G_A(\Psi) G_J \lambda^2}{(4\pi)^2 R^2}$$
(4.4)

利用真实目标回波功率的表达式,反舰导弹将根据以下公式估计目标的雷达散射截面(不计相参增益),即

$$P_t = \frac{P_A \left[ G_A (\varPsi) \right]^2 \sigma_T \lambda^2}{(4\pi)^3 R^4} \tag{4.5}$$

类似地,反舰导弹雷达收到的假目标信号的功率为

$$P_{rJ} = \frac{P_J G_A (\varPsi) G_J \lambda^2}{(4\pi)^2 R^2} \tag{4.6}$$

因此,反舰导弹会估计假目标的雷达散射截面为

$$\sigma_T = \left( \frac{(4\pi)^2 R^2}{P_A G_A (\varPsi) G_J \lambda^2} \right) \cdot \frac{P_J G_J^2 \lambda^2}{4\pi} \tag{4.7}$$

有了数字射频存储设备,电子攻击系统可以高保真地存储传感器发送的信号,然后进行各种调制,包括幅度、距离和多普勒特性等,再向雷达发送出去[1-3]。为使前面讨论的电子攻击策略成功,一方面,压制干扰的功率要足够高,以覆盖高价值目标;另一方面,为使假目标可见,压制干扰的功率又不能太高。图 4.8 描述了典型的压制干扰功率要求。

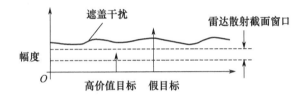

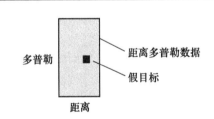

图 4.8　反舰导弹数据的幅度示意图

电子攻击系统能够估计所需的干扰发射功率等级,以便在反舰导弹处实现近似的 RCS 水平。反舰导弹传感器很有可能从先验情报信息,以及在攻击末段之前观测到的先验测量值,知道高价值目标的 RCS 期望值。因此,典型的第一个电子防护算法是创建一个滤波器,该滤波器仅接受期望或平均 RCS 值在特定范围内的目标。

假设高价值目标的雷达散射截面大约 40dBsm,压制干扰必须大于这个值以完全淹没高价值目标数据。如果压制干扰功率对应于雷达散射截面为 48dBsm 的目标,那么干信比(JSR)是 8dB。虚假目标幅度必须大于噪声干扰对应的目标强度,

如虚假目标对应的雷达散射截面为 55dBsm,虚假目标的信噪比为 7dB,这使得虚假目标可以被检测出来。假设可接受的雷达散射截面的窗口可以小到 5dB,只有雷达散射截面在 37.5～42.5dBsm 的目标才被接受。因此,所有这些策略中的假目标都将被反舰导弹忽略,并且它将保持在跟踪干扰源模式中,直到观察到一个可接受的目标。其他应对压制干扰的电子防护技术将在第 6 章中详细讨论。

现代传感器的第一个电子防护算法主要基于目标雷达散射截面的平均值。如果电子攻击系统或诱饵产生太大或太小雷达散射截面的假目标,假目标将被忽略。这是一个简单而基本的电子防护技术,电子攻击系统必须应对该技术。

最常见的由数字射频存储生成的假目标在雷达术语中通常称为马尔库姆(Marcum)目标[4-6]。马尔库姆目标可以表示为单个散射单元,当复杂回波可以表示为一个幅度为常量的回波加上高斯噪声时,该目标则是无波动的。如前面所述,目标回波的平均强度必须与真实舰船目标的雷达散射截面相对应。从式(4.6)和式(4.7)可以看出,基于数字射频存储的电子攻击系统如果成功捕获了反舰导弹发射机发射的信号,则可以用合适的干扰功率发射干扰信号。

一个简单而基本的策略(策略 1)是考虑观察带中包含了高价值目标和一个舷外诱饵。这个诱饵可以是主动辐射的有源诱饵,它包含一个基于数字射频存储的电子攻击系统,该系统可以生成一个电子目标。这个诱饵也可以是无源的,由一个或多个反射器产生。无源诱饵将在接下来的两节中讨论。

假设有源诱饵产生的假目标雷达散射截面等于预期的高价值目标的雷达散射截面。当反舰导弹传感器开始执行搜索模式,并转换到跟踪模式时,假设 $H_0$ 和 $H_1$ 的概率均为 0.5。如果估计(或假设)反舰导弹可能正在跟踪高价值目标,则可以采用诱惑电子攻击策略(策略 2)。例如,高价值目标使用基于数字射频存储的舰载电子攻击系统来产生一个假目标,试图引诱可能落在高价值目标上的跟踪门,并将跟踪门拖引并定位在诱饵上。这要求舰载电子攻击系统知道诱饵在哪里,并能够估计诱饵在反舰导弹传感器距离 - 多普勒数据阵列中的位置。图 4.9 描述了这种假设。

当反舰导弹跟踪(距离和多普勒)波门锁定高价值目标时,高价值目标上的电子攻击系统试图在跟踪门内生成一个假目标,用于拖引跟踪门。该假目标雷达散射截面必须大于高价值目标,但不能太大,太大将导致超过雷达散射截面可接受窗口并被拒绝。这个假目标必须从高价值目标的多普勒和距离单元移动到诱饵的多普勒和距离单元。拖引的过程必须足够快,以防止反舰导弹攻击到高价值目标,这个过程也不能太快,以免假目标严重违反物理特性(距离和多普勒偏离真实目标的物理特性)。通过合理的设计使假目标的距离和多普勒(和方位)与高价值目标一致,如图 4.10 所示。

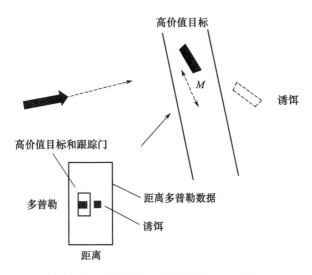

图 4.9　反舰导弹跟踪高价值目标示意图

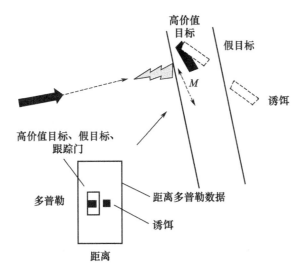

图 4.10　开始时的欺骗电子攻击示意图

反舰导弹可以根据多普勒值估计接近目标的速度。根据这一信息,从一个相参处理间隔到下一个相参处理间隔,可以利用滤波器来预测距离跟踪波门,即近似为

$$\hat{R}(t) = \hat{R}(t-T) - vT - v_{\text{T}}T \tag{4.8}$$

此时,测量的距离为

$$z(t) = R(t) + n(t) \tag{4.9}$$

将测量值与距离门的更新值进行比较,可以得出一个随机的、与时间无关的新序列。例如,如果假目标移动到一个稍远的距离,它将处于

$$R_{\text{FT}}(t) = R(t) + \Delta R \tag{4.10}$$

要将假目标从高价值目标拖向诱饵,$\Delta R$ 必须是正的并且不断增加。当把假目标距离的测量值与式(4.8)中的预测更新值进行比较时,所产生的新序列将是有偏差的而不是随机的。反舰导弹传感器可以监测到这种情况。

雷达采用标准的电子防护技术保护跟踪门(距离门或速度门),而拖引干扰要应对这种状态。相关且简单的检测方法是相参雷达典型的电子防护技术。由于存在雷达散射截面窗口,高价值目标和假目标的幅度必须接近。假设高价值目标和假目标在拖引开始时在距离 – 多普勒的同一位置。从式(3.81)可见,第 $p$ 个脉冲在该位置的回波大约为

$$\Sigma(p) = A(e^{2\pi i f_D T_p} + e^{2\pi i f_{\text{FT}} T_p}) \tag{4.11}$$

为了成功,假目标多普勒频率必须接近真实目标。定义和频与差频为

$$f_+ = \frac{f_{\text{FT}} + f_D}{2} \tag{4.12}$$

$$f_- = \frac{f_{\text{FT}} - f_D}{2} \tag{4.13}$$

那么,包含真目标和假目标的表达式为

$$\Sigma(p) \approx 2A \cdot e^{2\pi i f_+ T_p} \cdot \cos(2\pi f_- T_p) \tag{4.14}$$

因此,舰船目标和假目标(试图引诱跟踪门的假目标)的合成信号具有缓慢的振幅调制。针对这种调制的检测称为拍频检测器(BFD)电子防护[4]。图4.11的上半部分说明了反舰导弹观察高价值目标和假目标的几何关系。左下是单个相参处理间隔的多普勒滤波器响应的示意图。当两个目标开始分离时,频率稍有不同的混合数据会产生拍频,在振幅上产生波动,如图4.11的中部所示。通过对多个相参处理间隔数据的傅里叶变换,很容易检测到第二个目标(假目标),如图4.11下右图所示。相参低截获概率雷达传感器可以很容易地检测到这个速度门拖引。

这些传统的对抗波门拖引的电子防护技术,包括拍频检测器技术,是非常稳健的。不过,当这些技术在充分使用了目标运动的物理特性,却没有利用面目标的雷达散射截面特性。有很多参考文献描述了这些特性,因此在本书中没有进一步讨论,根据需要可以将对应的算法嵌入到现代反舰导弹传感器的 DSP 中。

电子攻击策略的最终目的是使反舰导弹雷达转换到图 4.12 所示的情况。

本节所述的电子攻击策略是利用舷外有源诱饵产生具有高价值目标特征的假目标。该诱饵包含了基于数字射频存储的主动电子攻击系统。到目前为止,所描

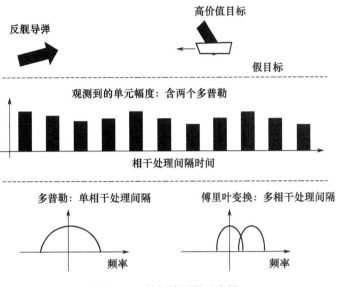

图 4.11　拍频检测器示意图

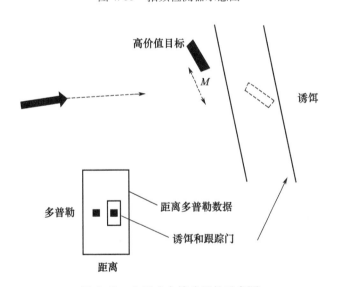

图 4.12　电子攻击策略目的示意图

述的假目标是非波动目标或马尔库姆目标。马尔库姆目标的模型是一个单一恒定的散射单元。

　　考虑一个长度为 $W$ 的简单目标,它由两个相同的散射单元组成,这两个散射单元的回波位于反舰导弹雷达不同的距离位置,如图 4.13 所示。

　　目标的雷达回波为

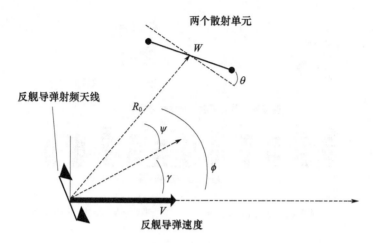

图 4.13　简单双散射单元模型图

$$\Sigma \approx a \cdot \left\{ \cos\left[ 2\pi f\left( t - \frac{2(R_0 - \Delta R)}{c} \right) \right] + \cos\left[ 2\pi f\left( t - \frac{2(R_0 + \Delta R)}{c} \right) \right] \right\} \quad (4.15)$$

$$\Sigma \approx \left[ 2a \cdot \cos\left( 2\pi f \frac{W\sin\theta}{c} \right) \right] \cdot \cos\left[ 2\pi f\left( t - \frac{2R_0}{c} \right) \right] \quad (4.16)$$

此回波的幅度(方程右侧第一个括号中的项)随角度 $\theta$ 而变化。图 4.14 描述由两个相同的散射单元组成的目标的雷达散射截面变化。在图 4.14 的右上角,目标的长度等于雷达信号波长。在图 4.14 的左下角,目标的长度等于 3 倍雷达信号波长。

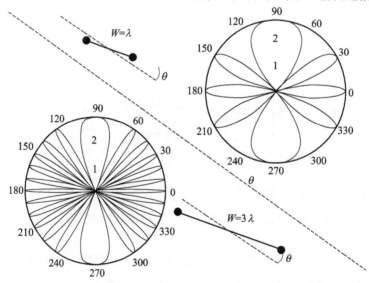

图 4.14　简单双散射元刚体的雷达散射截面示意图

在图4.15中,刚性目标由4个相同的散射单元组成。目标的总长度为3倍雷达信号波长。4个散射单元构成一条直线,其中两个散射单元在目标的两端,另两个散射单元位于中间,散射单元的间隔为一倍雷达信号波长。

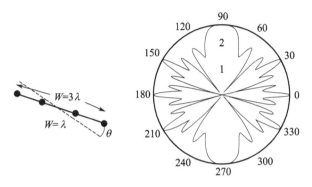

图4.15　简单4散射单元刚性物体的雷达散射截面示意图

最后,假设由4个相同散射单元组成的目标比雷达波长($\lambda$约为3cm)长得多,并且4个散射单元不在一条直线上。在图4.16中可以看到,随着视角的变化,雷达散射截面很快变得十分复杂。

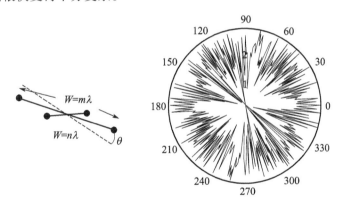

图4.16　复杂4散射单元刚性物体的雷达散射截面示意图

复杂目标视角的任何细微变化都会导致雷达散射截面发生很大的变化。此外,改变载波频率会增加复杂面目标(多个散射单元组成)的回波幅度的波动,如式(4.16)所示。因此,假设散射单元之间的距离是波长的数倍,那么这个简单的例子清楚显示雷达散射截面在相参处理间隔之间是随机的,特别是伴随有雷达频率捷变和几何关系时变的情况下更是如此。

根据式(4.16),对去雷达散射截面相关的频率要求进行简单估算。当相连的相参处理间隔测量值相差180°时,就会产生去相关。因此

$$\pi \leqslant 2\pi f_1 \cdot \frac{W}{c} - 2\pi f_2 \cdot \frac{W}{c} \tag{4.17}$$

$$\Delta f \geqslant \frac{c}{2W} \tag{4.18}$$

对于海军目标来说,即使沿尺寸较短的方向观察,$W$ 也高达 50 ~ 70m。这相当于要求频率变化从一个相参处理间隔到下一个相参处理间隔至少为 2 ~ 3MHz,才能消除雷达散射截面回波的相关性。

高价值目标的雷达散射截面是由许多散布在远大于雷达波长范围内的散射单元组成的。因此,真实目标的雷达散射截面是随时间波动的。这种波动可以通过频率捷变增强。雷达面目标的(波动)统计模型被称为 Swerling 统计。这些检测统计函数适用于各种类型的复杂对象。对于每一种类型的目标,Swerling 都考虑目标波动非常快和波动较慢的情况。在一个相参处理间隔中的缓慢波动可以被认为是大致恒定的,但从一个相参处理间隔到下一个相参处理间隔是相互独立的。快速波动的目标可以被视为雷达散射截面从一个脉冲到下一个脉冲是相互独立的。表 4.1 给出了结果的一般特性描述。

表 4.1 Swerling 统计类型

| 类别 | 波动 | 目标 |
|------|------|------|
| I | 慢 | 许多独立的、相似的元素 |
| II | 快 | 许多独立的、相似的元素 |
| III | 慢 | 一个主导元素和许多次要元素 |
| IV | 快 | 一个主导元素和许多次要元素 |

从本书的角度出发,通常认为复杂海军目标的雷达散射截面在不同相参处理间隔之间是相互独立的。图 4.17 说明了缓慢和快速波动的概念。不同情况下的概率密度函数分别为瑞利分布(第一和第二种情况)和卡方分布(第三和第四种情况)。

这里考虑的是快速实用的雷达传感器电子防护算法。高价值目标的雷达散射截面由许多无法确知的散射单元组合而成,雷达散射截面或幅度满足 Swerling 模型,在不同的相参处理间隔之间是相互独立的。发射功率固定的电子攻击系统产生的假目标是简单得多的马尔库姆目标。除非采用更复杂的数字射频存储方案,否则假目标的雷达散射截面统计比高价值目标简单得多。从第 3 章可知,相参处理间隔中脉冲 $p$ 的假目标回波为(零多普勒假目标)

$$\Sigma = A_J(R) e^{\left[2\pi i\left(\beta\Phi_p - \frac{2R_J}{\lambda}\right)\right]} \big[ \cos^2(2\pi\Phi)\langle\Sigma|\Sigma_J\rangle\langle\Sigma_J|\Sigma\rangle - \sin^2(2\pi\Phi)$$
$$\langle\Delta|\Sigma_J\rangle\langle\Sigma_J|\Delta\rangle + i\cos(2\pi\Phi)\sin(2\pi\Phi)$$
$$(\langle\Delta|\Sigma_J\rangle\langle\Sigma_J|\Sigma\rangle + \langle\Sigma|\Sigma_J\rangle\langle\Sigma_J|\Delta\rangle) \big] \tag{4.19}$$

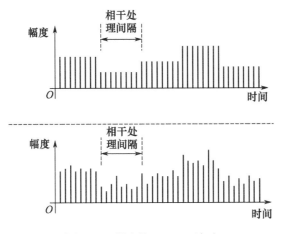

图 4.17　慢和快 Swerling 波动

$$\Delta = A_J(R)\,\mathrm{e}^{\left[2\pi\mathrm{i}\left(\beta\Phi_p - \frac{2R_J}{\lambda}\right)\right]}\Big[\cos^2(2\pi\Phi)\langle\Delta|\Sigma_J\rangle\langle\Sigma_J|\Sigma\rangle - \sin^2(2\pi\Phi)$$
$$\langle\Sigma|\Sigma_J\rangle\langle\Sigma_J|\Delta\rangle + \mathrm{i}\cos(2\pi\Phi)\sin(2\pi\Phi)$$
$$(\langle\Sigma|\Sigma_J\rangle\langle\Sigma_J|\Sigma\rangle + \langle\Delta|\Sigma_J\rangle\langle\Sigma_J|\Delta\rangle)\Big] \tag{4.20}$$

其中的第一项为

$$\Sigma = A_J(R)\,\mathrm{e}^{\left[2\pi\mathrm{i}\left(\beta\Phi_p - \frac{2R_J}{\lambda}\right)\right]}\Big[\cos^2(2\pi\Phi)\langle\Sigma|\Sigma_J\rangle\langle\Sigma_J|\Sigma\rangle\Big] \tag{4.21}$$

$$\Delta = A_J(R)\,\mathrm{e}^{\left[2\pi\mathrm{i}\left(\beta\Phi_p - \frac{2R_J}{\lambda}\right)\right]}\Big[\cos^2(2\pi\Phi)\langle\Delta|\Sigma_J\rangle\langle\Sigma_J|\Sigma\rangle + \mathrm{i}\cos(2\pi\Phi)$$
$$\sin(2\pi\Phi)\langle\Sigma|\Sigma_J\rangle\langle\Sigma_J|\Sigma\rangle\Big] \tag{4.22}$$

经过多普勒处理后,最佳距离 – 多普勒单元的回波为

$$\Sigma = A_J(R)\,\mathrm{e}^{\left[-2\pi\mathrm{i}\frac{2R_J}{\lambda}\right]}\Big[\cos^2(2\pi\Phi)\langle\Sigma|\Sigma_J\rangle\langle\Sigma_J|\Sigma\rangle\Big] \tag{4.23}$$

$$\Delta = A_J(R)\,\mathrm{e}^{\left[-2\pi\mathrm{i}\frac{2R_J}{\lambda}\right]}\Big[\cos^2(2\pi\Phi)\langle\Delta|\Sigma_J\rangle\langle\Sigma_J|\Sigma\rangle$$
$$+ \mathrm{i}\cos(2\pi\Phi)\sin(2\pi\Phi)\langle\Sigma|\Sigma_J\rangle\langle\Sigma_J|\Sigma\rangle\Big] \tag{4.24}$$

此前已经说明,反舰导弹雷达传感器的处理器只接受合理雷达散射截面范围内的回波。这利用了目标雷达散射截面平均值的知识。研究人员还开发了简单实用的检测雷达散射截面高阶统计量的电子防护技术。为简单起见,假设第 $n$ 个相参处理间隔的雷达散射截面为

$$\sigma_n = \bar{\sigma} + \epsilon_n \tag{4.25}$$

考虑简单的度量,即

$$\mathrm{Metric} = \frac{\dfrac{1}{N}\sum_n (\sigma_{n+1} - \bar{\sigma}) \cdot (\sigma_n - \bar{\sigma})}{\dfrac{1}{N}\sum_n (\sigma_n - \bar{\sigma})^2} \tag{4.26}$$

$$\langle \text{Metric} \rangle \approx C(1) \tag{4.27}$$

该度量是对雷达散射截面自相关函数的滞后 1 阶项(Lag − 1 项)。预计高价值目标的 Lag − 1 项接近 0,假目标和简单诱饵的 Lag − 1 项接近 1。在反舰导弹的 DSP 中通过一组必要的数据项的简单平均值计算,并在每个相参处理间隔中组合这些数据项,可以很容易地计算出雷达散射截面的 Lag − 1 估计值。在导弹末段的目标跟踪过程中,设置一个适当的阈值就足以估计这一特性。例如,选择一个滤波器增益($g$),并对每一个 $\sigma$ 测量的估计值(减号表示之前的相参处理间隔时间采样和滤波器估计值)按如下计算:

$$S_1 \approx S_{1-} + g \cdot (\sigma \cdot \sigma_- - S_{1-}) \tag{4.28}$$

$$S_0 \approx S_{0-} + g \cdot (\sigma \cdot \sigma - S_{0-}) \tag{4.29}$$

$$M = M_- + g \cdot (\sigma - M_-) \tag{4.30}$$

$$C(1) \approx \frac{S_1 - M^2}{S_0 - M^2} \tag{4.31}$$

实验数据示例如图 4.18 所示。可以看到相参处理间隔约为 10ms,舰船目标的雷达散射截面在 1 个相参处理间隔内存在去相关性。

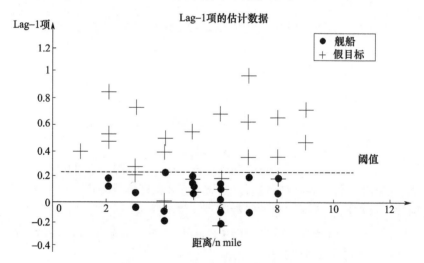

图 4.18　Lag − 1 项估计的试验结果

这种算法通常可以快速地剔除那些雷达散射截面在相参处理间隔之间相关的假目标。

中国研究人员在各种英文期刊中[7−13]提出利用各种目标特征来识别高价值目标和假目标,包括多普勒特征和天线极化。例如,考虑式(3.84)和式(3.85)中

真实目标的主项,以及数字射频存储生成虚假目标的相应主项,在这里重述如下:
式(4.32)和式(4.33)是真实目标信号,式(4.34)和式(4.35)是虚假目标信号。

$$\boldsymbol{\Sigma} = A_\mathrm{S}(R) \cdot \mathrm{e}^{\left[-2\pi\mathrm{i}\frac{2R_0}{\lambda}\right]} \left[\cos^2(2\pi\Phi)\langle\boldsymbol{\Sigma}|\boldsymbol{\Omega}|\boldsymbol{\Sigma}\rangle - \sin^2(2\pi\Phi)\langle\boldsymbol{\Delta}|\boldsymbol{\Omega}|\boldsymbol{\Delta}\rangle + \right.$$
$$\left. \mathrm{i}\cos(2\pi\Phi)\sin(2\pi\Phi)(\langle\boldsymbol{\Delta}|\boldsymbol{\Omega}|\boldsymbol{\Sigma}\rangle + \langle\boldsymbol{\Sigma}|\boldsymbol{\Omega}|\boldsymbol{\Delta}\rangle)\right] \tag{4.32}$$

$$\boldsymbol{\Delta} = A_\mathrm{S}(R) \cdot \mathrm{e}^{\left[-2\pi\mathrm{i}\frac{2R_0}{\lambda}\right]} \left[\cos^2(2\pi\Phi)\langle\boldsymbol{\Delta}|\boldsymbol{\Omega}|\boldsymbol{\Sigma}\rangle - \sin^2(2\pi\Phi)\langle\boldsymbol{\Sigma}|\boldsymbol{\Omega}|\boldsymbol{\Delta}\rangle + \right.$$
$$\left. \mathrm{i}\cos(2\pi\Phi)\sin(2\pi\Phi)(\langle\boldsymbol{\Sigma}|\boldsymbol{\Omega}|\boldsymbol{\Sigma}\rangle + \langle\boldsymbol{\Delta}|\boldsymbol{\Omega}|\boldsymbol{\Delta}\rangle)\right] \tag{4.33}$$

$$\boldsymbol{\Sigma} = A_\mathrm{J}(R) \cdot \mathrm{e}^{\left[-2\pi\mathrm{i}\frac{2R_\mathrm{J}}{\lambda}\right]} \left[\cos^2(2\pi\Phi)\langle\boldsymbol{\Sigma}|\boldsymbol{\Sigma}_\mathrm{J}\rangle\langle\boldsymbol{\Sigma}_\mathrm{J}|\boldsymbol{\Sigma}\rangle\right] \tag{4.34}$$

$$\boldsymbol{\Delta} = A_\mathrm{J}(R)\mathrm{e}^{\left[-2\pi\mathrm{i}\frac{2R_\mathrm{J}}{\lambda}\right]} \left[\cos^2(2\pi\Phi)\langle\boldsymbol{\Delta}|\boldsymbol{\Sigma}_\mathrm{J}\rangle\langle\boldsymbol{\Sigma}_\mathrm{J}|\boldsymbol{\Sigma}\rangle + \right.$$
$$\left. \mathrm{i}\cos(2\pi\Phi)\sin(2\pi\Phi)\langle\boldsymbol{\Sigma}|\boldsymbol{\Sigma}_\mathrm{J}\rangle\langle\boldsymbol{\Sigma}_\mathrm{J}|\boldsymbol{\Sigma}\rangle\right] \tag{4.35}$$

这几篇参考文献讨论了反舰导弹雷达的比幅单脉冲算法,而本书采用的是比相单脉冲模型。然而,可以通过以下的描述来理解这些结论的要点。首先考虑目标样本,形成和($Y^+$)与差($Y^-$)分量组成的二维矢量,合并同类项,其表达式为

$$Y_\mathrm{S}^+ = \left[A_\mathrm{S}(R)\mathrm{e}^{-2\pi\mathrm{i}\frac{2R_0}{\lambda}} \cdot \cos(2\pi\Phi)\right] \cdot$$
$$\left\{\left[2\cos(2\pi\Phi) + \mathrm{i}\sin(2\pi\Phi)\right]\langle\boldsymbol{U} + \mathrm{i}\sin(2\pi\Phi)\langle\boldsymbol{L}|\cdot(\boldsymbol{\Omega\Sigma})\right\} \tag{4.36}$$

$$Y_\mathrm{S}^- = \left[A_\mathrm{S}(R)\mathrm{e}^{-2\pi\mathrm{i}\frac{2R_0}{\lambda}} \cdot \cos(2\pi\Phi)\right] \cdot$$
$$\left\{\left[2\cos(2\pi\Phi) - \mathrm{i}\sin(2\pi\Phi)\right]\langle\boldsymbol{U} - \mathrm{i}\sin(2\pi\Phi)\langle\boldsymbol{L}|\cdot(\boldsymbol{\Omega\Sigma})\right\} \tag{4.37}$$

右边括号中的第一项是两个分量共有的复振幅和余弦角。第二项是二维极化波束方向图矢量,该方向图矢量仅取决于此视角下反舰导弹天线的特性。第三项代表源特性,包括极化。作者认为,在已知两个 $Y$ 分量和第二项的情况下,该方程可以用来求解源极化信息。

$$\boldsymbol{S} \equiv \boldsymbol{\Omega\Sigma}\rangle \tag{4.38}$$

为了理解这个推测,用琼斯矢量近似接收波束矢量为

$$\langle\boldsymbol{U} \approx \begin{bmatrix}1 & \rho_U\end{bmatrix} \tag{4.39}$$

$$\langle\boldsymbol{L} \approx \begin{bmatrix}1 & \rho_L\end{bmatrix} \tag{4.40}$$

接下来根据式(4.36)和式(4.37)形成 $Y$ 矢量为

$$Y_\mathrm{S} \approx k \cdot \boldsymbol{B} \cdot \boldsymbol{\Omega\Sigma}\rangle \tag{4.41}$$

$$\boldsymbol{B} = \begin{bmatrix} 2\left[\cos(2\pi\Phi) + \mathrm{i}\sin(2\pi\Phi)\right] & \left[2\cos(2\pi\Phi) + \mathrm{i}\sin(2\pi\Phi)\right]\rho_U + \mathrm{i}\sin(2\pi\Phi)\rho_L \\ 2\left[\cos(2\pi\Phi) - \mathrm{i}\sin(2\pi\Phi)\right] & \left[2\cos(2\pi\Phi) - \mathrm{i}\sin(2\pi\Phi)\right]\rho_U - \mathrm{i}\sin(2\pi\Phi)\rho_L \end{bmatrix}$$
$$\tag{4.42}$$

现在考虑假目标表达式。表达式有一个共同的项表示由电子攻击系统接收的信号。该项可以包括在电子攻击传输幅度中，也可以包括在假目标幅度中。因此

$$A' \equiv A_J(R) \cdot e^{-2\pi i \frac{2R_J}{\lambda}} \cdot \cos(2\pi\varPhi) \cdot \langle \varSigma_J | \varSigma \rangle \qquad (4.43)$$

对于其余项，天线极化项仅包括平行极化。因此，假目标的两个 $Y$ 分量为

$$Y_J^+ = A' \cdot \{ [2\cos(2\pi\varPhi) + i\sin(2\pi\varPhi)] \langle U + i\sin(2\pi\varPhi) \langle L | \cdot (\varSigma_J \rangle) \qquad (4.44)$$

$$Y_J^- = A' \cdot \{ [2\cos(2\pi\varPhi) - i\sin(2\pi\varPhi)] \langle U - i\sin(2\pi\varPhi) \langle L | \cdot (\varSigma_J \rangle) \qquad (4.45)$$

在这种情况下，干扰源标识为

$$S_J \equiv \varSigma_J \rangle \qquad (4.46)$$

这样，$Y$ 矢量为

$$Y_J \approx k' \cdot B \cdot \varSigma_J \rangle \qquad (4.47)$$

因此，为求解式(4.41)中的高价值目标极化问题，或求解式(4.47)中的假目标极化问题，需要 $B$ 可逆。那么极化向量为

$$P = 常数 \cdot B^{-1} \cdot Y \qquad (4.48)$$

如果 $B$ 的行列式非零，则存在逆。根据 $B$ 的定义，$B$ 的行列式为

$$|B| = 4i\cos(2\pi\varPhi) \cdot \sin(2\pi\varPhi) \cdot (\rho_U - \rho_L) \qquad (4.49)$$

因此，如果两个子天线具有非零的交叉极化分量，并且两个子天线在的交叉极化分量不完全匹配，则逆存在，问题可解。如参考文献所述，天线在大多数角度上都有一些交叉极化分量，实际天线并不完全匹配。这里假设这些分量可以测量或估计，并且源的极化可以测量，从而可以获得目标的特性。对于所考虑的一般模型，假设反舰导弹天线为线极化，而电子攻击天线通常为圆极化。因此，反舰导弹可以通过测量极化来识别实际目标的回波与电子攻击系统产生的假目标。

本节的场景是反舰导弹传感器观察一个距离带。该距离带包含了高价值目标和基于数字射频存储的舷外电子攻击系统生成的假目标。现在进一步假设，舷外电子攻击系统生成了多个不同的多普勒和距离假目标。该策略(策略2)的目标是混淆反舰导弹的传感器，并增加反舰导弹传感器选择错误目标的概率。这等效于降低了反舰导弹传感器选择高价值目标的概率。

对于这类电子攻击，几个中国工程师推测，假目标的许多特征在一个相参处理间隔内和一段时间内是相关的[10]。这些特性包括雷达散射截面统计和单脉冲比统计。他们特别意识到，所有的假目标都来自同一个天线。因此，极化的测量结果是相关联的。

设目标 $k$ 在第 $t_n$ 时刻相参处理间隔的参数为 $x^k(t_n)$，则目标 $k$ 和目标 $k+1$ 的相关函数估计为

$$C_k = \frac{\Sigma_n x^k(t_n) \cdot x^{k+1}(t_n)}{\sqrt{[\Sigma_n x^k(t_n) \cdot x^k(t_n)] \cdot [\Sigma_n x^{k+1}(t_n) \cdot x^{k+1}(t_n)]}} \qquad (4.50)$$

所有的假目标对应的相关函数值都较大，真实目标之间以及真实目标和假目标之间的相关函数值较小。该表达式及其抗干扰应用可以用雷达散射截面参数和单脉冲角误差测试验证。这种电子防护方法类似于式(4.26)和式(4.31)，在快速识别真实目标方面鲁棒性很好。

此外，在多普勒处理后，单脉冲比为

$$\frac{\Delta}{\Sigma} = \mathrm{i} \tan(2\pi\Phi) + \frac{\langle \Delta | \Sigma_{\mathrm{J}} \rangle}{\langle \Sigma | \Sigma_{\mathrm{J}} \rangle} \qquad (4.51)$$

值得注意的是，由于左、右子天线的匹配不完全，该方程右边的第二项为非零值。中国研究人员提议在有多个虚假目标时利用这一已知特征[7-10]。多个假目标两两之间必须具有非相关的参数，如雷达散射截面或单脉冲，否则反舰导弹传感器的电子防护技术将快速识别真实目标。

值得注意的是，高逼真假目标的距离通常大于电子攻击系统的距离。当产生较近距离的假目标时，电子攻击系统可能会错过一个或多个低截获概率脉冲，特别是在相参处理间隔中的第一个脉冲为频率捷变时。在相参处理间隔中缺少一个或多个脉冲会导致产生的假目标雷达散射截面比预期的低，并形成与假目标在相同距离、不同的多普勒上的重影（多个假目标）。反舰导弹处理器可以检测到这些重影图像，并意识到是可疑的假目标。例如，图 4.19 说明了电子攻击系统每隔一个脉冲丢失截获信号的情况。要产生比电子攻击系统更近的假目标，必须包含相参处理间隔内所有的脉冲，这项艰巨的任务实际上是不可能实现的。

在此例中，假设目标回波的时间（多普勒）部分是恒定的（零多普勒）。从第 3 章的表述中可知：

$$\Sigma = A_{\mathrm{S}}(R) \cdot \mathrm{e}^{\left[ 2\pi\mathrm{i} \left\{ (\beta\Phi + f_{\mathrm{D}}T)p - \frac{2R_0}{\lambda} \right\} \right]} \left[ \cos^2(2\pi\Phi) \left( | g_{\Sigma}^p(\Psi) | \right)^2 \sigma_{pp} \right] \qquad (4.52)$$

如图 4.20 所示，交替缺失的恒定功率脉冲相当于两个各为半功率的目标。第一个目标拥有恒定功率（零多普勒）。第二个目标具有非零多普勒值，与符号的变化对应。

再次指出，多普勒与目标径向速度和反舰导弹天线瞄准角有关。因此，可以采用一些探测技术来实现电子防护，如轻微振荡天线，观察相邻距离－多普勒阵列单元中峰值的变化。移动天线会改变独立散射单元的视角，导致它们以不同

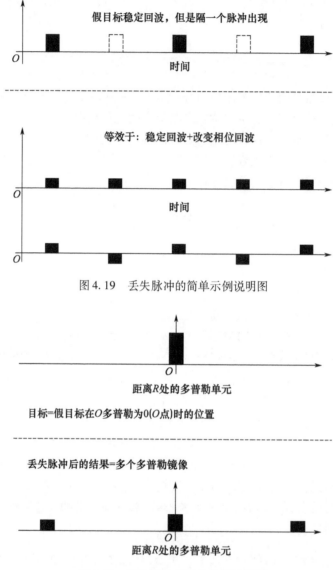

图 4.19　丢失脉冲的简单示例说明图

图 4.20　丢失脉冲导致的伪像示意图

的模式移动。如果两个散射单元都来自电子攻击系统(假目标单元),则它们会一起移动,因为每个散射单元的角度都保持不变。如果散射单元的角度稍有不同(如来自真实的高价值目标),它们将以不同的相位移动。随着多普勒分辨力的提高,这一技术将变得更加可行。下一章将详细介绍这种技术,图 4.21 说明了它的效果。

**两个距离上的散射单元的多普勒时间曲线**

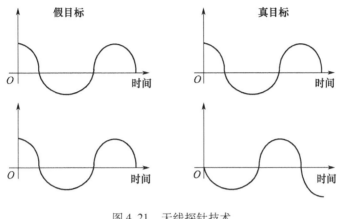

图 4.21　天线探针技术

## 4.2　目标分类:诱饵

另一类假目标称为无源假目标或无源诱饵。无源假目标是通过反射产生的。例如,英国制造的"橡胶鸭"(Rubber Duck)由一个或多个固定在一起的浮动平台组成。每个平台由一个或多个角反射器组成。目标是生成如 4.1 节讨论的具有时变雷达散射截面特性的目标。

为了模拟高价值目标的特性,需要采用多个分布式反射单元,将多个诱饵用绳索串联以获得适当的长度和宽度。4.3 节将详细讨论高价值目标在距离 – 多普勒阵列中的扩展问题。目前,人们已经注意到前面所描述的目标特征,尤其是在使用了 Lag – 1 相关技术之后,这些特征可被用来识别无源诱饵。

图 4.22 对比了典型舰船目标与典型诱饵的雷达散射截面测量值、Lag – 1 估计值以及自相关函数。无源假目标在脉冲重复间隔之间的相关性比真实舰船目标大得多。图 4.22 是之前的 Lag – 1 经验数据,包括船舶目标和有源电子攻击生成的假目标,并用三角形符号将无源诱饵的经验估计添加到图中。可以看到,无源诱饵的雷达散射截面的 Lag – 1 值与舰船目标的 Lag – 1 值也有显著差异。

图 4.23 和图 4.24 给出了无源诱饵目标和真实目标的自相关函数的经验估计。图中可见,差异很显著。在这两个图中,舰船目标雷达散射截面估计值非常接近 24dBsm,起伏很大。图 4.23 中的无源诱饵雷达散射截面估计接近 24dBsm,但相当平缓(时间相关)。图 4.24 中,诱饵的雷达散射截面仍然是平滑的,并且略高。舰船目标的 Lag – 1 估计值始终为 0.2 或更低,无源诱饵的 Lag – 1 估计值约

为 0.6 或更大。作为一个说明，图中包含了自相关函数估计的一个快拍(1.3s)。真实目标的自相关函数具有宽带随机参数的典型形状,诱饵的自相关函数则是窄带(相关)参数的典型形状。

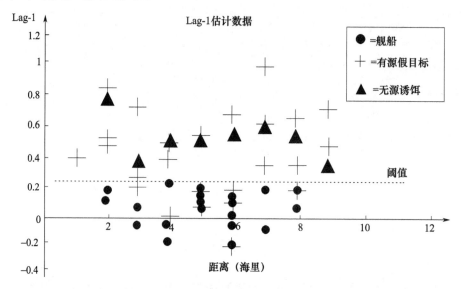

图 4.22　Lag-1 试验结果图

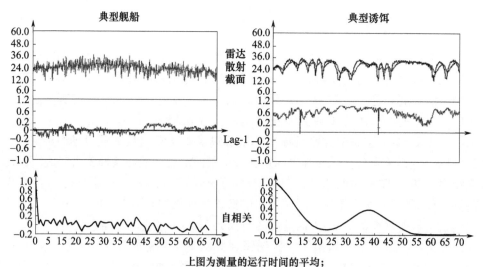

上图为测量的运行时间的平均;

雷达散射截面和Lag-1采样率为100Hz；5s数据

自相关时间1.3s

图 4.23　舰船和诱饵的相关函数实验结果(雷达散射截面)

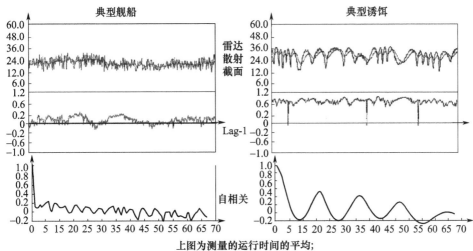

图4.24　舰船和诱饵的相关函数估计的附加实验结果(雷达散射截面)

# 4.3　目标分类:箔条

箔条是另一种经典的无源假目标诱饵。自20世纪40年代以来,箔条一直被用于对抗雷达。在箔条首次出现后不久,操作员便可以通过观察雷达显示器确定特征,来区分箔条和真实目标。

反舰导弹脉冲多普勒雷达利用箔条的几个特征,可以很容易地分辨出箔条。如前所述,检验真实目标的第一步是估计雷达散射截面。舰船发射箔条的雷达散射截面可能超过高价值目标的雷达散射截面。

第二个特征是距离–多普勒图像特征。小型舰船在现代反舰导弹传感器中占据一个像素(距离–多普勒单元),尤其是在侧向观察的时候。许多典型的反舰导弹脉冲多普勒雷达可以将高价值目标回波信号分离到多个距离像素点。即使在侧向观察时,高价值目标也会占用多个距离单元。高价值目标图像具有"热点"[1],即存在包含距离不相邻的高雷达散射截面值单元。此外,由于高价值目标基本上是一个刚性体,而反舰导弹雷达的多普勒分辨力比较差,所以高价值目标的所有距离回波都占据相同的多普勒单元值。

---

① 译者注:热点即目标上的强散射点。

箔条云在发射后不久就会扩散到多个距离像素。随着箔条的扩散,它在多个相邻的距离单元中具有显著的回波能量。扩散(由于初始条件和风效应)导致相邻距离单元中的回波处于不同的多普勒值。因此,箔条云通常在多个相邻的距离单元中有相当均匀的响应,但分布在变化的、有些随机的多普勒值下,特别是在较高的海况下。真实目标和箔条的图像特征如图4.25所示。

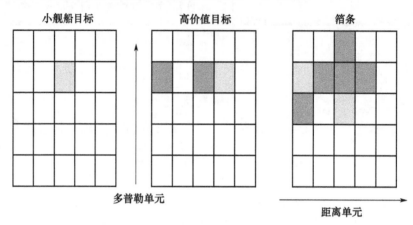

图 4.25　舰船和箔条的图像特性

因此,检测箔条的一个简单方法是测量距离和多普勒的分布宽度,这里宽度的意思是超过雷达散射截面阈值的距离和多普勒的扩展范围。

图 4.26 是在离船很近的地方发射箔条的示例。图上部当箔条从船上分离时,箔条会在距离和多普勒上扩散。舰船回波占用一个距离－多普勒单元。图下部的两张图片显示稍后的箔条扩散。在箔条云持续的几分钟内,箔条云从船上扩散和分离。舰船(在距离－多普勒阵列的不同部分)仍然占据着一个单元。

这个简单的电子防护度量在识别箔条目标方面非常成功。由于箔条已经使用了很长时间,因此有很多著作描述了各种复杂程度的度量。一些由中国学者撰写的著作介绍了电子战实践者正在采用的各种度量和术语。例如,分别考虑假目标多普勒和距离的分布阵列尺寸。定义随机不相邻的强点是稀疏分布,类似地,聚集在一起的相邻强点为稠密分布[14]。这些定义与表4.2结合起来形成表4.3。

表 4.2　图像长度

|  | 舰船 | HVU | 箔条 |
|---|---|---|---|
| 距离长度 | 0 | >0(不同) | 0(连续的) |
| 多普勒长度 | 0 | 0(一样) | >0(不同) |

表 4.3　图像特征

| | 高价值目标 | 箔条 |
|---|---|---|
| 距离 | 稀疏 | 密集 |
| 多普勒 | 密集 | 稀疏 |

箔条：7 个多普勒单元（水平方向），21 个距离单元（垂直方向）

(1) 很容易区分舰船和箔条；

(2) 电子防护：采用距离长度和多普勒长度（稀疏和密集程度）

 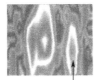   

**箔条和舰船　　　箔条离开舰船　　　箔条继续扩散**
**刚开始分开　　　　后扩散　　　　　并与舰船分离**

箔条图像持续情况：箔条和舰船的距离和多普勒特征

注意：箭头标识的是舰船

图 4.26　箔条距离和多普勒数据

另一种方法是将密集关系表示为非随机的值,稀疏关系表示为真正的随机值。在文献中,这些值的定义方法如下。观察一维(距离或多普勒)回波幅度值。将一组 $N$ 个数据值转换为 0 或 1。具体取决于低于还是高于中间值。构建数据子集 $D_n$,即

$$D_n = \left\{ x_k \mid k = 1, 2, \cdots, n; x_k = 0 \text{ 如果} < \text{中值,否则 } x_k = 1 \right\} \tag{4.53}$$

令 $m_N = N/2$, $m_n$ 等于子集 $D_n$ 中 1 的个数。稀疏差异定义为

$$d_n = \left| \frac{m_n}{m_N} - \frac{n}{N} \right| \tag{4.54}$$

将此参数的平均值与阈值进行比较。可以看出,当设置阈值为中值,并考量距离和/或多普勒方向上的值的顺序时,测量结果或多或少是随机性的。

稀疏性的第二个定义更直观。在这个定义中,稀疏度 $r$ 是集合 $D_n$ 中数据值改变的次数。$r$ 的统计值为

$$\text{均值}(r) = \frac{N+2}{2} \tag{4.55}$$

$$\text{方差}(r) = \frac{N}{4} \cdot \frac{N-2}{N-1} \tag{4.56}$$

假设在高斯分布的情况下进行建模,以研究该检测的阈值和性能。针对一个小集合来检查这些统计数据可以说明这种属性。考虑随机集或稀疏集(集合1)和非随机集或密集集(集合2)如下:

$$\text{集合1 } D_{10} = \{1,1,0,1,0,1,0,0,1,0\} \text{稀疏} \tag{4.57}$$

$$\text{集合2 } D_{10} = \{0,0,1,1,1,1,1,0,0,0\} \text{密集} \tag{4.58}$$

将不同的定义应用于上述数据集,结果如表4.4所列。

表4.4 密集和稀疏集合的可选择定义

| | 集合1 | 集合2 |
|---|---|---|
| 定义1 | 0.11 | 0.13 |
| 定义2 | 7 | 2 |
| [均值=6;方差=2.22] | | |

当意识到箔条很容易与真实目标区分开时,有一个问题必须引起重视。如前所述,电子战对抗过程很快。在机载电子战和海军反舰导弹攻击舰队的末段尤其如此。由于反舰导弹处理器可以相对容易地检测和剔除箔条,一个潜在有用的电子攻击策略是使用基于数字射频存储的电子攻击系统,以电子方式在多普勒和距离击中真实目标(高价值目标)位置处产生类似箔条特征的假目标。这将引诱反舰导弹不攻击此单元区域,因为它具有箔条特性而不是高价值目标特性。这可以为舰队防御系统在交战的最后阶段赢得宝贵的时间,并增强其生成更逼真的假目标或诱饵的能力。

## 4.4 双相参源电子攻击

第3章提出了一个简单散射单元的模型。对于一个简单的目标,两个接收机中的测量值为

$$\Sigma = A_{\text{S}}(R) \cdot e^{\left[-2\pi i \frac{2R_0}{\lambda}\right]} [\cos^2(2\pi\Phi)(|g_\Sigma^p(\Psi)|)^2 \sigma_{pp}] \tag{4.59}$$

$$\Delta = A_{\text{S}}(R) \cdot e^{\left[-2\pi i \frac{2R_0}{\lambda}\right]} [\cos^2(2\pi\Phi)g_\Delta^{p*}(\Psi) \cdot g_\Sigma^p(\Psi) \cdot \sigma_{pp} +$$
$$i\cos(2\pi\Phi)\sin(2\pi\Phi)(|g_\Sigma^p(\Psi)|)^2\sigma_{pp}] \tag{4.60}$$

通常形成的单脉冲比为

$$\frac{\Delta}{\Sigma} = \mathrm{i} \tan(2\pi\Phi) + \frac{g_\Delta^{p*}(\Psi)}{g_\Sigma^{p*}(\Psi)} \approx \mathrm{i}\left(\frac{\pi d}{\lambda}\right)\Psi \tag{4.61}$$

这个比值是相位单脉冲系统估计目标散射单元相对天线波束指向的角度偏差的标准手段。理想情况下,它是一个纯虚数的角度值加上一个天线项,再加上一个噪声项。

在更一般的情况下,假设目标由许多散射单元组成,这些散射单元在距离长度 $L$ 上散布,在方位向上的宽度为 $W$,如图 4.27 所示。假设这些散射单元在同一距离 – 多普勒单元内。每个散射单元在两个接收信号中的项用下标 $k$ 表示。散射幅度为 $a_k$ 的单元在相对参考方位的 $W_k$ 处,距离为 $R_0 + \delta_{R_k}$。

总回波的主项可以在第 3 章表达式的基础上,通过以下修改来近似,令:

$$\delta_{\Phi_k} = \mathrm{ang}_k \cdot \frac{W}{R_0} \tag{4.62}$$

$$\mathrm{ang}_k = \frac{d}{2\lambda} \cdot \frac{W_k}{W} \tag{4.63}$$

$$\mathrm{term}_1 = \Sigma a_k \cdot \mathrm{e}^{2\pi\mathrm{i}\frac{2\delta_{R_k}}{\lambda}} \langle \Sigma | \Omega_k | \Sigma \rangle \tag{4.64}$$

$$\mathrm{term}_2 = \frac{2\pi W}{R_0} \cdot \Sigma a_k \cdot \mathrm{e}^{2\pi\mathrm{i}\frac{2\delta_{R_k}}{\lambda}} \langle \Sigma | \Omega_k | \Sigma \rangle \cdot \mathrm{ang}_k \tag{4.65}$$

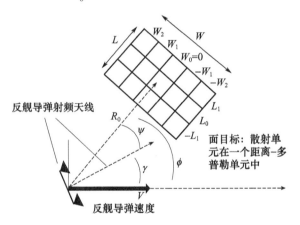

图 4.27　面目标几何关系图

因此,对于在一个特定的距离 – 多普勒单元的面目标,两个接收机中的信号为

$$\Sigma = \mathrm{e}^{\left[-2\pi\mathrm{i}\frac{2R_0}{\lambda}\right]}\cos^2(2\pi\Phi) \cdot \mathrm{term}_1 \tag{4.66}$$

$$\Delta = \mathrm{e}^{\left[-2\pi\mathrm{i}\frac{2R_0}{\lambda}\right]}\cos(2\pi\Phi)\sin(2\pi\Phi) \cdot \mathrm{term}_1 + \mathrm{e}^{\left[-2\pi\mathrm{i}\frac{2R_0}{\lambda}\right]}\cos^2(2\pi\Phi) \cdot \mathrm{term}_2 \tag{4.67}$$

加上接收机噪声,单脉冲比(归一化后)可近似为一个角度项、一个目标宽度项和一个噪声项。

$$z = \text{norm} \cdot \frac{\Delta}{\Sigma} = i\Psi + (\alpha + i\beta) + (a + ib) \tag{4.68}$$

式中:

$$a + ib = \text{噪声项} \tag{4.69}$$

$$\alpha + i\beta = \frac{i \cdot \text{term}_2}{\text{term}_1} \approx \frac{W}{R_0} \tag{4.70}$$

标准的单脉冲噪声项是平均值为零,标准差(方差平方根)与天线波束宽度成正比、与信噪比平方根成反比的随机变量。从参考文献[5,6,10]可知:

$$\sqrt{\langle a^2 + b^2 \rangle} = \frac{\theta_{B_W}}{1.885 \cdot \sqrt{\text{SNR}}} \tag{4.71}$$

对于脉冲多普勒雷达,雷达距离方程为

$$\text{SNR} = \left[ \frac{P_{pk} G^2 \lambda^2 N_{coh}}{(4\pi)^3 (kT_0) B_W \cdot F \cdot L} \right] \cdot \frac{\sigma}{R_0^4} \tag{4.72}$$

从式(4.71)和式(4.72)可以看出,接收信噪比与目标距离的四次方成反比。在交战过程中目标距离的四次方会迅速减小。

类似于噪声的加项$(\alpha + i\beta)$是由高价值目标的扩展性和复杂性造成的,再加上单脉冲测量中随着距离减小而增大的一个复杂分量。这项的实部称为零深项,通常用于面目标识别。

这个类似于噪声的加项是随机变量,其均值为零,方差与目标宽度除以距离的平方成正比。在交战过程中,这一项对单脉冲测量方差的贡献,随距离平方的减小而增加。精确的比例值取决于面目标(如高价值目标)的结构复杂性。如文献[1,5]所述,一个较好的近似为

$$\sqrt{\langle \alpha^2 + \beta^2 \rangle} = \sqrt{2} \cdot 0.2 \cdot \frac{W}{R_0} \tag{4.73}$$

因此,面目标(如高价值目标)的单脉冲测量比点目标的单脉冲测量具有更大的方差。真实高价值目标与假目标的测量方差差异随距离的减小而增大。

本书中标准的反舰导弹脉冲多普勒雷达能够估计单脉冲方差的典型值。图4.28说明了预期性能。在远距离时,两个目标的单脉冲方差不能很容易区分。在大约接近到15km的距离时,方差的差异大于6dB,很容易区分。

图4.29和图4.30给出了一些测试数据,这些数据显示了使用单脉冲方差区分舰船和诱饵的能力。图4.29包含了几个舰船数据和几个基于数字射频存储的电子攻击假目标的计算结果。为了定性地指示趋势,图中增加了虚线。

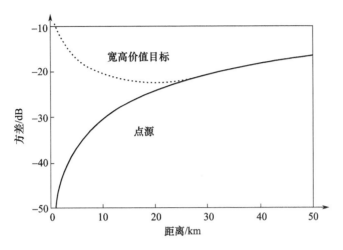

图 4.28　目标分辨的单脉冲方差

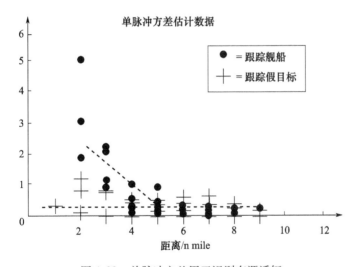

图 4.29　单脉冲方差用于识别有源诱饵

　　图 4.30 用了相同的数据,但是增加了无源诱饵的数据。可见,诱饵方差比基于数字射频存储的电子攻击假目标更逼真。这是意料之中的,因为无源诱饵由多个散射单元组成,而电子攻击假目标由点源生成。

　　电子攻击系统为了对抗这种电子防护技术,需要能够对单脉冲雷达产生角度欺骗。对单脉冲雷达产生角度欺骗的常用方法是使用双相参干扰源技术[4,5,15],以模拟这些统计特征。这些干扰系统可以是互反系统或其变种,但必须包括两个相参控制的发射源。

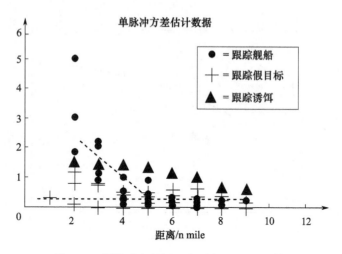

图 4.30　单脉冲方差用于鉴别有源和无源诱饵

　　互反电子攻击系统的两个转发器的输出与在互反信道中接收的信号是成比例（幅度和相位）的关系。假设天线 2 的输出是天线 1 接收到的信号按比例放大 $a$ 倍，天线 1 的输出是天线 2 的输入乘以复数放大 $a_z$ 倍。

　　第 3 章假设信号是在两个天线上接收的，然后重新发送，如图 4.31 所示。从双相参源电子攻击的定义和控制参数($z$)来看，电子攻击总发送信号为

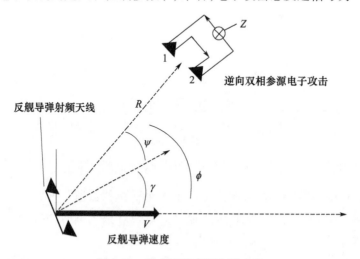

图 4.31　逆向双相参源电子攻击

$$\arg_1 = f_0 t + \delta_f t + \frac{vt\cos(\varphi)}{\lambda} + \frac{v_\mathrm{T} t\cos(\theta_\mathrm{T})}{\lambda} + \frac{R_0}{\lambda} \tag{4.74}$$

$1\rangle \cdot a \cdot z \cdot [\langle 2|\Sigma\rangle \cos(2\pi \arg_1) \cos(2\pi\Phi) - \langle 2|\Delta\rangle \sin(2\pi \arg_1)$
$\sin(2\pi\Phi)] + 2\rangle \cdot a \cdot [\langle 1|\Sigma\rangle \cos(2\pi \arg_1) \cos(2\pi\Phi) - \langle 1|\Delta\rangle$
$\sin(2\pi \arg_1) \sin(2\pi\Phi)]$　　　　　　　　　　　　　(4.75)

再次修改之前的公式,反舰导弹接收到的和差信号为

$$\Sigma = A_J(R) e^{\left\{2\pi i \left[(\beta\Phi + f_D T)p - \frac{2R_J}{\lambda}\right]\right\}} \big[\cos^2(2\pi\Phi)\{z \cdot \langle\Sigma|1\rangle\langle 2|\Sigma\rangle + \langle\Sigma|2\rangle\langle 1|\Sigma\rangle\} -$$
$$\sin^2(2\pi\Phi)\{z \cdot \langle\Delta|1\rangle\langle 2|\Delta\rangle + \langle\Delta|2\rangle\langle 1|\Delta\rangle\} + i\cos(2\pi\Phi)$$
$$\sin(2\pi\Phi)(z \cdot \langle\Delta|1\rangle\langle 2|\Sigma\rangle + z \cdot \langle\Sigma|1\rangle\langle 2|\Delta\rangle + \langle\Delta|2\rangle\langle 1|\Sigma\rangle +$$
$$\langle\Sigma|2\rangle\langle 1|\Delta\rangle)\big]$$
　　　　　　　　　　　　　　　　　　　　　　　(4.76)

$$\Delta = A_J(R) e^{\left\{2\pi i \left[(\beta\Phi + f_D T)p - \frac{2R_J}{\lambda}\right]\right\}} \big[\cos^2(2\pi\Phi)\{z \cdot \langle\Delta|1\rangle\langle 2|\Sigma\rangle + \langle\Delta|2\rangle\langle 1|\Sigma\rangle\} -$$
$$\sin^2(2\pi\Phi)\{z \cdot \langle\Sigma|1\rangle\langle 2|\Delta\rangle + \langle\Sigma|2\rangle\langle 1|\Delta\rangle\} + i\cos(2\pi\Phi)$$
$$\sin(2\pi\Phi)(z \cdot \langle\Sigma|1\rangle\langle 2|\Sigma\rangle + z \cdot \langle\Delta|1\rangle\langle 2|\Delta\rangle + \langle\Sigma|2\rangle\langle 1|\Sigma\rangle +$$
$$\langle\Delta|2\rangle\langle 1|\Delta\rangle)\big]$$
　　　　　　　　　　　　　　　　　　　　　　　(4.77)

这些方程可以通过指数项的相位调制,用于噪声干扰或假目标干扰的产生,并且可以适用于各种双相参源的配置。表 4.5 列出了一些常见的配置。

表 4.5　双相参源电子攻击构型

| 双相参源 | 电子攻击天线 |
| --- | --- |
| 交叉极化 | 相同位置;正交极化 |
| 交叉眼 | 角度偏移;相同极化 |
| 双交叉 | 角度偏移;正交极化 |

为了深入了解电子攻击,只考虑假目标生成的主要项。为了简单起见,假设天线增益是实数。产生零多普勒的假目标的和差信号为

$$\Sigma = A_J(R) e^{\left\{2\pi i \left[\beta\Phi p - \frac{2R_J}{\lambda}\right]\right\}} \cdot \cos^2(2\pi\Phi)(z+1) \cdot \langle 1|\Sigma\rangle\langle 2|\Sigma\rangle \quad (4.78)$$

$$\Delta = A_J(R) e^{\left\{2\pi i \left[\beta\Phi p - \frac{2R_J}{\lambda}\right]\right\}} \big[\cos^2(2\pi\Phi)\{z \cdot \langle\Delta|1\rangle\langle 2|\Sigma\rangle + \langle 2|\Delta\rangle\langle 1|\Sigma\rangle\} +$$
$$i\cos(2\pi\Phi)\sin(2\pi\Phi)(\{z+1\} \cdot \langle 1|\Sigma\rangle\langle 2|\Sigma\rangle)\big] \quad (4.79)$$

经过代数推导,单脉冲比为

$$\frac{\Delta}{\Sigma} = W + iV = W_0 + iV_0 + \frac{1-Z}{1+Z} \cdot (\alpha + i\beta) \quad (4.80)$$

$$W_0 + iV_0 = i\tan(2\pi\Phi) + 0.5 \cdot \left[\frac{\langle 1|\Delta\rangle}{\langle 1|\Sigma\rangle} + \frac{\langle 2|\Delta\rangle}{\langle 2|\Sigma\rangle}\right] - \quad (4.81)$$

$$0.5 \cdot (\alpha + i\beta) = 0.5 \cdot \left[\frac{\langle 1|\Delta\rangle}{\langle 1|\Sigma\rangle} - \frac{\langle 2|\Delta\rangle}{\langle 2|\Sigma\rangle}\right] \quad (4.82)$$

以比相单脉冲为例,关注的项对应于比值的虚部或 $V$ 值。在复数空间中移动坐标系中,考虑该值和式(4.78)中 $\Sigma$ 信道信号的幅度关系,得到以下单脉冲控制

参数:

$$z = -1 + x + iy \tag{4.83}$$

$$V = V_0 - \frac{\beta}{2} + \frac{\beta x - \alpha y}{x^2 + y^2} \tag{4.84}$$

$$|\Sigma| = A_J(R) \cdot |\langle 1|\Sigma\rangle\langle 2|\Sigma\rangle| \cdot \cos^2(2\pi\Phi) \cdot \sqrt{x^2 + y^2} \tag{4.85}$$

$$P_\Sigma \approx a^2 \left[ |z^2| + 2 \cdot \mathrm{Re}(z) + 1 \right] \tag{4.86}$$

为了对双相参源干扰有一个直观的认识,需要研究 $z$ 面上的单脉冲响应。首先考虑 $\Sigma$ 通道功率。考虑 $a$(或 $A$)是固定的,则恒定功率对应于 $z$ 平面中的圆。如果两个端口的输出都小于最大值,则 $\Sigma$ 通道中的等幅度圆的圆心为

$$z \approx -1 \tag{4.87}$$

通常,电子攻击信号需要通过最大化转发器 1 或转发器 2 的输出功率来最大化。根据定义,如果转发器 2 最大化,则 $z$ 的幅度必须不大于 1。这对应于 $z$ 平面中以 $z = -1$ 为圆心的单位圆的内部。

同样,如果转发器 1 最大化,则 $a_z$ 是受限的。这对应于 $z$ 平面中单位圆之外的区域。在这种情况下,轨迹是以实轴上不同点为中心的较大半径的圆。图 4.32 定性地显示了其结果。值得注意的是,$\Sigma$ 信道的最大功率在 $z = +1$ 处,最小功率(零)在比值的复极点,即 $z = -1$ 处。在这个极值点周围有一个区域,这个区域内总功率不足以引起传感器响应,因为信号电平太低,干扰将被简单的反舰导弹雷达的电子防护措施所排除。

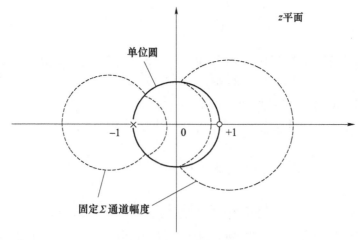

图 4.32 恒定 $\Sigma$ 通道幅度轨迹图

有了这一认识后就可以研究 $z$ 平面上的单脉冲比响应了。定义 $C$ 为

$$C = V - V_0 + \frac{\beta}{2} \tag{4.88}$$

那么单脉冲比为

$$C = \frac{\beta x - \alpha y}{x^2 + y^2} \tag{4.89}$$

在 $C = 0$ 和 $C \neq 0$ 两种情况下,这个表达式的解为

$$y = \frac{\beta}{\alpha} \cdot x \quad C = 0 \tag{4.90}$$

$$\left(x - \frac{\beta}{2C}\right)^2 + \left(y - \frac{\alpha}{2C}\right)^2 = \frac{\alpha^2 + \beta^2}{4C^2} \quad C \neq 0 \tag{4.91}$$

首先,检查定义参数 $C$ 的表达式。主要感兴趣的是传感器通过参数 $V$ 估计相对于波束指向的目标角度时,对电子攻击的响应。因为电子攻击通过干扰控制 $x$ 和 $y$ 的变化,$V$ 被改变。在这个角度上对目标的归一的单脉冲响应(没有干扰)是 $V_0$。对于小角度,$V_0$ 是标准测量的 $S$ 曲线,如图 4.33 所示。这发生在 $C = \beta/2$ 时,如果 $C$ 增加,则单脉冲响应更强,但具有相同方向的响应。随着 $C$ 值的减小,响应 $V$ 最终变为零,然后反转。当曲线反转时,单脉冲测量得到的目标相对波束指向的方向偏差与真实目标相反。

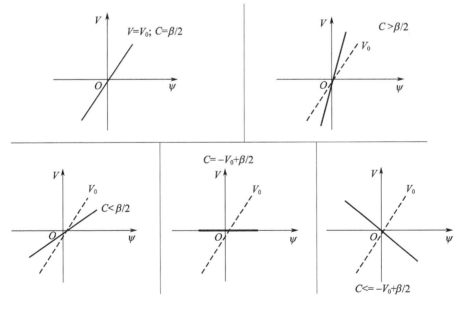

图 4.33　单脉冲响应 $S$ 曲线

现在说明 $z$ 平面上单脉冲比响应函数的结构。图 4.34 显示了 $\alpha$ 和 $\beta$ 任意值的关键特征。实际值取决于电子攻击系统天线和几何结构的具体情况。

在图 4.34 中,感兴趣区域来源于前一幅图,显示出了 $\Sigma$ 通道恒定振幅的轨迹。在接近单脉冲比奇点的情况下,存在一个功率不足的区域,传感器处理无法接收并响应(最大功率在 $z = +1$ 处)。如图 4.34 所示,存在单脉冲响应被反转的区域(阴影部分)(空环)。最终,这些区域能够正确地感知(标记为信标环)。奇点的两侧有信标环。奇点右边的信标和左边的反向区域的单脉冲比值最大。

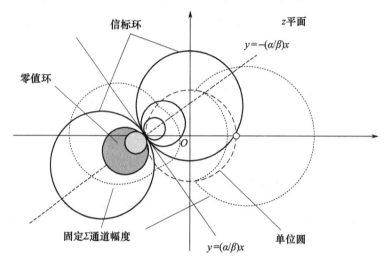

图 4.34 $z$ 平面单脉冲比响应

图 4.35 说明了单脉冲测量沿图 4.34 中虚直线的行为。与奇异性完全不同,该响应是目标在离天线指向具一定角度时的正常响应。从右侧看,比例的大小保持其检测能力并使其稳定增加。就在奇点之前,幅度非常大(强信标)。在奇点的另一侧,比值非常大,但具有相反的方向(符号),即有很强的诱导角误差。不过在奇点附近,$\Sigma$ 通道中的回波能量非常小。继续向左,单脉冲比的响应改变了符号,并再次具有正确的响应(信标响应)。

对双相参干扰源的理解有助于理解很多问题。有几种双相参干扰源技术可以使反舰导弹估计目标的角度产生较大的方差。一种技术是控制设置到奇异点足够远的地方,以记录测量值,然后在信标(刚好在零环之外)和推斥(在零环之内)之间振荡。另一种方法是生成一个围绕 $z$ 平面上的极点的 $z$ 字形。足够小的圆就可以确保强信标和强推斥之间的变化。

至此,考虑互反的交叉极化双相参干扰源系统。假设两个电子攻击干扰天线的极化是正交的。根据定义有

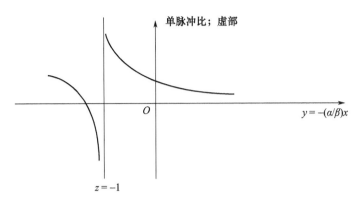

图 4.35　在 $z$ 平面中沿直线的单脉冲比示例

$$\langle 1|2\rangle = g_1^{p*} \cdot g_2^p + g_1^{n*} \cdot g_2^n = 0 \qquad (4.92)$$

一种常用的可选方法是将单个天线设置在反舰导弹天线极化(假设已知)的交叉极化状态附近,并以较小的角度机械振荡天线。这有希望使干扰响应在零环区域和信标响应区域之间移动。

传统上,人们认为特定的天线不易受到交叉极化电子攻击的影响。因此,这需要对交叉极化电子攻击作一些评论。从天线罩的方向观察,任何天线的波束指向附近的极化图(定性和定量)与标准抛物面天线的极化图相似[15-18]。根据互易原理,这对于发射和接收模式都是正确的。图 4.36 定性地给出了极化图。正负号表示相对于波束方向 $\Sigma$ 波束的相位极性。

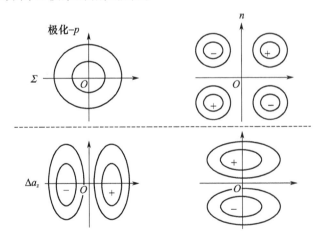

图 4.36　抛物面天线波束指向附近的极化图

因此,交叉极化电子攻击可以通过利用这个弱点来控制天线的波束方向。从信标到反向(推斥)的快速变化可以人为地产生单脉冲比的较大误差。

除了增加单脉冲估计的误差外,还可以通过与电子攻击同步的修正后的摇动检测来感知反舰导弹传感器是否跟踪了假目标。这种探测反舰导弹传感器的方法在 1990 年的先进技术演示项目中进行了测试。例如,以 5Hz 的频率机械振荡电子攻击天线,如果成功欺骗反舰导弹系统,那么在反舰导弹跟踪假目标时,就会在天线中诱发 5Hz 的振荡(当然,对于缓慢的伺服系统,天线伺服时间常数可以减轻这种振荡)。

这种振荡是单脉冲测量误差较大的表现,是监测电子攻击对反舰导弹导引头有效性的一种手段。电子攻击系统的任务是通过振幅和/或极化测量来监测这种振荡的效果。图 4.37 给出了反舰导弹天线(通过天线罩观察)沿典型方位角的极化比率。

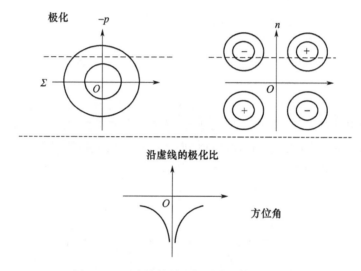

图 4.37　固定俯仰的反舰导弹天线极化示例

总的来说,如果产生了一个假目标来引诱目标的跟踪门,拍频检测器技术会提醒处理器可能在跟踪假目标。此时,跟踪门上的非物理拖引可以被阻止。如果生成了假目标(主动或被动),则它们必须具有实际的雷达散射截面大小(或平均值)。此外,雷达散射截面测量必须从相参处理间隔到下一个相参处理间隔是去相关的,否则,通过快速估计自相关函数的 Lag – 1 值,可以将假目标与实际目标区分开来。

实际目标与电子攻击生成的假目标的单脉冲测量统计是有区别的。一种常用的技术是测量单脉冲比的实部。另一种方法是估计单脉冲测量的方差。在较短的距离内(小于 10 ~ 12n mile),假目标的单脉冲方差必须增加,以充分模拟面目标的统计。有几种方法可以模拟这样的统计数据。然而,由于反舰导弹传感器只接受来自大目标(适当的雷达散射截面)的测量结果,这样的电子攻击技术依然是可以识别的,因为角度估计统计与雷达散射截面统计是强同步的。

如果通过基于数字射频存储的电子攻击生成多个假目标,则目标的各种参数不得相互关联。最后,粗分辨率(距离和多普勒分辨率)的脉冲多普勒雷达导引头足够探测高价值目标的距离和多普勒的结构,从而将高价值目标与其他船舶以及箔条区分开来。

# 参考文献

[ 1 ] Wehner,D. ,*High – Resolution Radar*,Boston,MA:Artech House,1994.

[ 2 ] Tsui,J. ,*Digital Techniques for Wideband Receivers*,Norwood,MA:Artech House,2001.

[ 3 ] Fouts,D. ,et al. ,"Single – Chip False Target Radar Image Generator for Countering Wideband Imaging Radars,"*IEEE Journal of Solid – State Circuits*,Vol. 37,No. 6,June 2002,pp. 751 – 759.

[ 4 ] Morris,G. ,and L. Harkness,*Airborne Pulsed Doppler Radar*,Boston,MA:Artech House,1996.

[ 5 ] Skolnik,M. ,*Radar Handbook*,Boston,MA:McGraw Hill,1990.

[ 6 ] Richards,M. ,*Fundamentals of Radar Signal Processing*,Boston,MA:McGraw Hill,2005.

[ 7 ] Chang,Y. ,L. Shi,X. Wang,S. Pingxiao,*Advanced Polarization Estimation Method using Spatial Polarization Characteristics of Antenna*,2013 European Microwave Conference,pp. 1703 – 1706.

[ 8 ] Hongya,L. ,and J. Xin,*Methods to Recognize False Target Generated by Digital – Image Synthesizer*,International Symposium on Information Science and Engineering,Washington,DC:IEEE Computer Society,2008,pp. 71 – 75.

[ 9 ] LongFei,S. ,W. XueSong,and X. ShunPing,"Polarization Discrimination Between Repeater False – Target and Radar Target,"*Science in China Series F:information Sciences*,Vol. 52,No. 1,January 2009,pp. 149 – 158.

[10] Dai,H. ,Y. Chang,J. Li,"A New Polarization Estimation Method based on Spatial Polarization Characteristics of Antenna,"*IEICE Electronics Express*,Vol. 9,No. 10,May,2012,pp. 902 – 907.

[11] C. Tao,et al. ,"Polarization Identification of Passive Radar Target,"*Journal of Projectiles,Rockets,Missiles,and Guidance*,Issue 2,2013,pp. 109 – 112.

[12] Wang,Z. ,C. Mo,and H. Dai,"Interference Signal Suppression by Polarization Filters under Estimate Error,"*Procedia Computer Science*,Vol. 107,2017,pp. 503 – 512.

[13] Zong,Z. ,et al. ,"Detection Discrimination Method for Multiple Repeater False Targets Based on Radar Polarization Echoes,"*Radioengineering*,Vol. 23,No. 1,April 2014,pp. 104 – 110.

[14] Guangfu,T. ,et al. ,"A Novel Discrimination Method of Ship and Chaff Based on Sparseness for Naval Radar,"*IEEE Conference on Radar Conference*,Rome,Italy,May 26 – 30,2008,pp. 1 – 4.

[15] Sherman,S. M. ,and D. K. Barton,*Monopulse Principles and Techniques*,2nd edition,Norwood,MA:Artech House,2011.

[16] Schleher, D. C. , *Electronic Warfare in the Information Age*, Norwood, MA: Artech House, 1999.

[17] MacGrath, D. , "Analysis of Radome Induced Cross Polarization ( U ) ," WL-TM-92-700-APN, USAF, Washington, DC, March 1992.

[18] Ostrovityanov, R. , and F. Basalov, *Statistical Theory of Extended Radar Targets*, Norwood, MA: Artech House, 1985.

# 第5章

# 低截获概率雷达的
# 电子防护波形

本章描述几种特定的反舰导弹雷达电子防护波形。设计雷达波形的原则是提供制导参数的最佳估计,且对电子攻击的脆弱性最小。现代反舰导弹雷达是利用低截获概率波形的相参脉冲多普勒雷达。现代雷达可以很容易地探测目标并测量所需的制导参数。电子战是一种信息战,目标分类是其关键。雷达为了可靠地分类目标,会测量多个目标特征。第4章讨论了与目标物理性质相关的目标特征。这些特征可用于区分欺骗性目标和真实目标。本章描述的波形则专门用于增强反舰导弹在电子攻击环境中正确识别目标的能力。

在低截获概率雷达的标准硬件配置中,首先反舰导弹雷达接收机采集数字样本,然后进行脉冲压缩,最后进行相参多普勒处理。这些数据样本的处理是采用快速数字信号处理算法完成的。现代反舰导弹雷达利用先进的微波技术组件,可以开发出复杂的波形。这些波形可以提供必要的制导信息,同时在电子攻击的环境中更容易识别正确的目标。

5.1 节介绍了为增强目标分类的脉冲压缩码波形的几个方面。一种重要的技术是在一个相参处理间隔内将脉冲之间的编码随机化。这使得不可能生成小于电子攻击平台的距离内的假目标,甚至在编码长度对应的距离加平台距离内的假目标。这也使得在舰上不可能产生足够与舰船回波竞争的假目标。因此,电子攻击必须放置在反舰导弹方向上距离近得多的平台上。这需要在攻击前发出攻击告警,以及干扰与平台的通信。另外本节作为特例研究了线性调频波形。同时在这种情况下,研究了在电子攻击平台在已知反舰导弹 DSP 的基础上,生成位于干扰平台前方的假目标的特定方法。

5.2 节介绍了步进频率波形。此波形可用于增强面目标的特性,进而增强真实目标与假目标的对比。文中阐明电子战信号处理以获取目标分类信息为目的的波形生成概念。该技术由中国工程师开发,并在一系列出版物中发表。此外,在20 世纪 90 年代,苏联反舰导弹工程师的专利中也有这类技术的详细说明。

利用现代微波器件和复杂的信号处理技术,可以在一个相参处理间隔内产生多种不同的发射波形,进一步迷惑电子攻击系统。本节讨论这个技术与把一系列波形组合形成的单个波形的关系,该波形可以根据攻击场景的实时进展以多种方式进行处理。

5.3 节证明了反舰导弹运动能够混淆动能防御武器火力控制系统。结果表明,反舰导弹在末端的迂回机动可以增强海军面目标的特性。这是另一个为对抗电子攻击和加强目标分类而采取的有意行动的例子。

## 5.1 编码波形电子防护

反舰导弹雷达传感器使用的脉冲压缩编码包括很多标准的相位和频率编码,如巴克码和线性调频。脉冲压缩用于在感兴趣的距离带内提供更好的距离分辨力,同时在低峰值功率(数百瓦)下使用更宽的脉冲(几十微秒)。目前反舰导弹雷达的典型距离分辨率是 10 ~ 30m。典型的脉冲宽度可以短至 $1\mu s$,也可以长至 $300\mu s$。因此,在峰值功率为 100W 甚至小于 100W 的情况下,可以对海军目标进行更充分的探测。这些技术使得在拥有足够的距离分辨率的同时,还能拥有足够的总能量用于探测。雷达采用低截获概率信号,将使得电子攻击系统很难检测到雷达信号[1,2]。

如第 2 章所述,考虑相位编码信号。定义距离分辨率为 30m 的固定频率窄脉冲,则

$$P_{Wn} = 0.2\mu s \tag{5.1}$$

传输信号表示为[时间范围为 $(P_{Wn}/2, P_{Wn}/2)$]

$$s_{Tn}(t) = s_0 \cos[2\pi(f_T t + \omega_n)] \tag{5.2}$$

接收到的相参处理间隔中的第 $p$ 个脉冲($\Sigma$ 或 $\Delta$)复振幅为(经过雷达处理和窄脉冲相参数字采样后)

$$s_{Rn}(p) = s_1 \cdot e^{2\pi i(\beta\Phi + f_D T)p} \cdot e^{2\pi i\left(-\frac{2R_0}{\lambda}\right)} \cdot e^{2\pi i\omega_n} \tag{5.3}$$

和以前一样,雷达发射 $N$ 个连续的子脉冲,作为一个脉冲宽度为 $P_W$ 的长脉冲

$$P_W = N \cdot P_{Wn} \tag{5.4}$$

由式(2.73)和式(2.81),用已知发射脉冲对第 $p$ 个脉冲的时间样本(相当于距离样本)进行匹配滤波处理(为了便于说明,匹配的滤波器以标称距离单元或时间样本为中心)

$$h_n(p) = s_{t(-n)}^*(p) = e^{-2\pi i\omega_{-n}} \quad n = -\frac{N}{2}, \cdots, \frac{N}{2} \tag{5.5}$$

$$\chi_m(p) = \sum s_{Rn}(p) \cdot h_{m-n}(p) \tag{5.6}$$

雷达处理器使用已知的相位编码序列$(\omega_n)$,通过已知的相参匹配滤波器将 $N$ 个子脉冲组合为

$$\chi_m(p) = \sum s_{Rn}(p) \cdot e^{-2\pi i \omega_{n-m}} \qquad (5.7)$$

表达式的峰值(忽略一切拼接损失)近似为

$$\chi_0(p) = N \cdot s_1 \cdot e^{2\pi i(\beta\Phi + f_D T)p} \cdot e^{2\pi i\left(-\frac{2R_0}{\lambda}\right)} \qquad (5.8)$$

在距离压缩之后,复样本的幅度提高了 $N$ 倍,相位和距离分辨率与每个子脉冲相同。系统对每一个发射脉冲采集信号,并进行脉冲压缩处理,生成每一个脉冲的距离样本阵列。接下来的标准处理是完成对 $P$ 个脉冲距离时间数据阵列的多普勒匹配滤波处理。相参处理间隔内的第 $p$ 个脉冲完成距离压缩后,对脉冲压缩输出进行傅里叶变换,形成距离 – 多普勒阵列。

然而,距离压缩和多普勒处理是独立的线性过程。只要从脉冲到脉冲保持相参,多普勒结果就不依赖于所使用的特定相移键控码(PSK)。假设反舰导弹雷达传感器信号编码长度相同,包含 $N(N > 30)$ 个相移键控码码元,但每个编码都是从原始编码的后续码元开始的。因此,$N$ 个不同的码具有相同的增益,但可能有不同的旁瓣结构。作为一个简单的例子,考虑从表 5.1 中列出的 7 位巴克码开始的 7 个编码。

表 5.1 7 码元巴克码

| 编码号 | 编码序列 |
|---|---|
| #1 | + + + − − + − |
| #2 | + + − − + − + |
| #3 | + − − + − + + |
| #4 | − − + − + + + |
| #5 | − + − + + + − |
| #6 | + − + + + − − |
| #7 | − + + + − − + |

这些编码都具有完全相同的距离增益,从而产生与式(5.8)相同的结果。假设雷达传感器相参处理间隔中的第 $p$ 个脉冲从该表中随机选择编码。距离 – 多普勒处理的主瓣不会被降级或改变,只是距离旁瓣有细微差别。

基于数字射频存储的电子攻击系统可能会尝试捕获这个低截获概率信号,并复制产生一个假目标。或者,电子攻击系统可能在不同的距离和多普勒复制许多假目标,试图混淆反舰导弹传感器的目标分类。假设反舰导弹在几千米范围内攻击目标舰船。为了达到 30m 的距离分辨率,反舰导弹雷达产生一个相位编码脉冲,30 个或更多长度为 $0.2\mu s$ 的码元,脉冲宽度大于 $15\mu s$。因此,雷达发射脉冲宽度对应 2km 以上的距离,每个脉冲都可以使用 30 个以上随机码序列中的任意

一个[3]。

基于数字射频存储的电子攻击系统复制并重新传输正确的编码,产生的假目标在电子攻击平台后方超过 2km 处。即使电子攻击系统知道低截获概率编码的一般特征,使用任意编码生成的假目标都可能使用了不正确的编码。而使用不正确的编码将导致经过雷达处理器相参处理后的假目标严重退化。

因此,虽然可以在比电子攻击平台更远的距离内生成假目标,但电子攻击平台将是最接近的目标。对于所描述的例子,所有可行的假目标均在电子攻击平台后方超过 1n mile 的地方。

这里使用表 5.1 中的编码提出一个简单示例。图 5.1 给出了假设雷达发射和接收#1 号巴克码的情况下,单个脉冲的真实距离滤波器响应。图 5.1 中显示了距离单元的最大振幅在 0 处,附近的几个距离旁瓣约低 17dB。

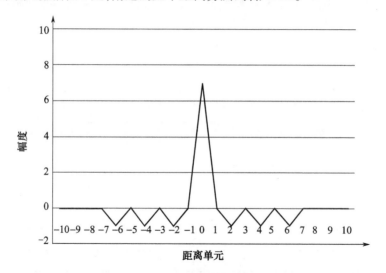

图 5.1　7 位巴克码的简化滤波器响应

接下来,假设雷达只发射四个脉冲的相参处理间隔序列。雷达使用编码#2、#4、#6 和#3。图 5.2 中的实线是该相参处理间隔序列的目标和相邻距离单元的幅度响应。同样,距离滤波器的旁瓣比峰值低 17dB。假设电子攻击系统所有 4 个脉冲均使用编码#1 生成假目标。雷达信号处理器处理的假目标距离滤波器响应如图 5.2 中虚线所示。可以看出,对于这个简单的示例,假目标响应比真正的目标响应低 17dB(本例中,假设真目标和假目标的径向速度均为 0knot①)。

匹配错误的编码会显著降低峰值。对于更长的距离编码(30 + 码元)和更长

①　译者注:节,1knot = 1.852km/h。

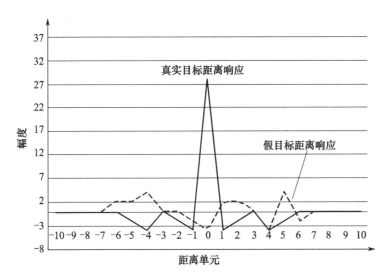

图 5.2 滤波器响应:4 个随机 7 位编码脉冲响应

的相参处理间隔(16 + 脉冲)组成的实际序列,峰值的降低更显著。这种电子防护技术主要通过在相参处理间隔期间发送长的随机时间序列低截获概率编码脉冲实现。

第 4 章讨论了假目标的一个方面。如果电子攻击系统试图生成一个复杂的脉冲压缩码序列的假目标,则预计它将错过一个或多个脉冲。如果相参处理间隔中的一个或多个脉冲被忽略,则会在相同的距离内,但在不同的多普勒滤波器上生成多个弱目标。例如,速度为零的目标对于每个脉冲都有相同的相位。如果雷达间隔一个脉冲收到干扰信号,这就相当于两个具有不同相位历程的目标。因此,当检测到目标时,雷达信号处理器会在这个特定距离内检测到不同多普勒滤波器的回波。同一距离、不同径向速度(多普勒)的多个弱目标的存在是脉冲丢失的假目标的特征,如图 5.3 所示。

因此,当使用带有随机脉冲压缩码的波形时,距离条带中最近的目标通常是所有目标中的真实目标。此外,相同距离单元中的多普勒镜像是电子攻击系统丢失脉冲(即假目标)的标志。

如果反舰导弹雷达使用线性调频发射脉冲,则电子攻击系统可以利用该脉冲压缩码产生近距离假目标。首先,考虑静态情况下的线性调频编码。发射脉冲为

$$s_{\mathrm{T}}(t) = s_0 \cos\left[2\pi\left(f_{\mathrm{T}} t + \frac{mt^2}{2}\right)\right] \quad t \ni \left[\frac{-P_{\mathrm{W}}}{2}, \frac{P_{\mathrm{W}}}{2}\right] \tag{5.9}$$

参数 $m$ 与 $P_{\mathrm{W}}$ 和 $B_{\mathrm{W}}$ 的关系为

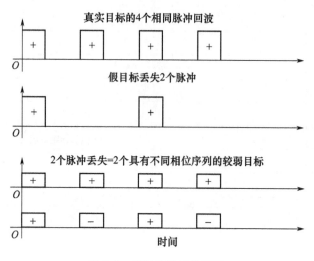

图 5.3　有丢失脉冲的序列

$$m = \frac{B_W}{P_W} \qquad (5.10)$$

调制波形的瞬时频率为

$$f(t) = f_0 + mt \qquad (5.11)$$

在接收机中进行复信号处理后,此发射信号的匹配滤波器为

$$\chi(\tau) = \int_{-P_W/2}^{P_W/2} dt \cdot x_R(t) \cdot x_T^*(t - \tau) \qquad (5.12)$$

$$x_T^*(t - \tau) = e^{-2\pi i \cdot \frac{m(t-\tau)^2}{2}} = e^{-2\pi i \cdot \frac{m(t^2 - 2t\tau + \tau^2)}{2}} \qquad (5.13)$$

距离位于 $R_0$ 的静止目标的回波为

$$s_R(t) = s_1 \cos\left\{ 2\pi \left[ f_0\left( t - \frac{2R_0}{c} \right) + \frac{m\left( t - \frac{2R_0}{c} \right)^2}{2} \right] \right\} \qquad (5.14)$$

在雷达接收机中处理后,接收信号复数形式为

$$x_R(t) = s_1 \cdot e^{2\pi i \left[ f_0\left( -\frac{2R_0}{c} \right) + m\left( \frac{2R_0^2}{c^2} \right) \right]} \cdot e^{2\pi i \left[ m\left( \frac{-2R_0}{c} \right) t \right]} \cdot e^{2\pi i \left( \frac{mt^2}{2} \right)} \qquad (5.15)$$

使用式(5.12)、式(5.13)和式(5.15),可以看到匹配滤波器输出是一个辛格函数。结合式(5.10),峰值位于距离 $R_0$ 处,结果为

$$\chi(\tau) = K \cdot \text{sinc}\left[ \pi B_W \cdot \left( \tau - \frac{2R_0}{c} \right) \right] \qquad (5.16)$$

实际上,反舰导弹是高速移动的,船舶目标也可能在运动。在本书中,假设反舰导弹运动产生的多普勒频率已经被校正。则式(5.9)变为

$$s_T(t) = s_0 \cos\left\{ 2\pi \left[ (f_0 + \delta f)t + \frac{m\, t^2}{2} \right] \right\} \tag{5.17}$$

$$\delta f = f_0 \cdot \frac{-2v\cos(\gamma)}{c} \tag{5.18}$$

反舰导弹到目标的距离随时间变化关系为

$$R(t) = R_0 - v\cos(\varphi)t - v_T\cos(\theta_T)t \tag{5.19}$$

之前定义了几何运动关系,该定义如图 5.4 所示。回波信号为

$$s_R(t) = s_1 \cos\left\{ 2\pi \left[ (f_0 + \delta f)\left(t - \frac{2R(t)}{c}\right) + \frac{m\left(t - \dfrac{2R(t)}{c}\right)^2}{2} \right] \right\} \tag{5.20}$$

此时,有许多项对匹配滤波器处理有贡献。大多数项不依赖于积分变量 $t$,除标量 $f_0$ 或 $\delta f$ 外,有几个项是相同的。由于 $f_0$ 是吉赫兹量级,$\delta f$ 是兆赫或更低量级,因此的 $\delta f$ 项可以忽略。以这种方式处理,重点考虑对积累起主要作用的项,则对式(5.16)的运动校正为

$$\chi(\tau) = K \cdot \text{sinc}\left\{ \pi B_W \cdot \left\{ \tau - \frac{2R_0}{c} + f_0 \frac{P_W}{B_W}\left[ \frac{2v}{c}(\cos\varphi - \cos\gamma) + \frac{2\, v_T}{c}\cos\theta_T \right] \right\} \right\} \tag{5.21}$$

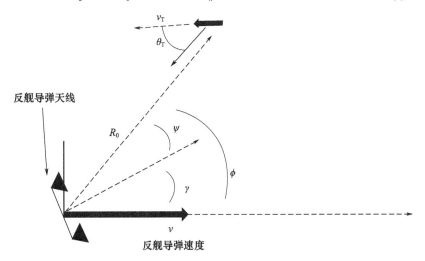

图 5.4　反舰导弹和目标的几何关系图

因此,运动产生了距离偏移。这是线性调频模糊函数[1-3]的一个众所周知的特性。距离误差为

$$\Delta R \approx f_0 \cdot \frac{P_W}{B_W} \cdot v \cdot \sin\gamma \cdot \sin\Psi \tag{5.22}$$

假设 $f_0$ 约为 10GHz,线性调频信号的 $P_W$ 约为 $10\mu s$,$B_W$ 为数十兆赫,反舰导弹

接近速度为马赫数 3,则距离误差为 0.01m。此时,考虑由基于数字射频存储的电子攻击系统生成了假目标回波,回波的多普勒偏移为 $\Delta f$。根据式(5.20),假目标回波为

$$s_R(t) = s_1 \cos\left\{2\pi\left[(f_0 + \delta f + \Delta f)\left(t - \frac{2R(t)}{c}\right) + \frac{m\left(t - \frac{2R(t)}{c}\right)^2}{2}\right]\right\} \quad (5.23)$$

根据这个公式推导匹配滤波器的输出。忽略式(5.21)和式(5.22)中描述的运动项,匹配滤波器输出近似为

$$\chi(\tau) = K \cdot \mathrm{sinc}\left[\pi B_W \cdot \left(\tau - \frac{2R_0}{c} + \Delta f \cdot \frac{P_W}{B_W}\right)\right] \quad (5.24)$$

使用式(2.111)和式(5.24)中的结果,该假目标的距离为

$$\hat{R} = R_0 - \Delta f \cdot \frac{c \cdot P_W}{2B_W} = R_0 - \Delta f \cdot P_W \cdot \delta R \quad (5.25)$$

举个例子,假设距离分辨力为 30m,$P_W$ 为 20μs,$\Delta f$ 以赫兹为单位,距离表达式为

$$\hat{R} \approx R_0 - \Delta f \cdot 6 \times 10^{-4}\mathrm{m} \quad (5.26)$$

因此,在假目标上加上约 500kHz 的偏移频率($\Delta f$),即使在电子攻击系统接收信号后产生假目标,也将使假目标在平台前方(较短距离)约 300m 处出现。距离估计是由反舰导弹 DSP 执行的,是被污染的距离滤波结果,如图 5.5 所示。

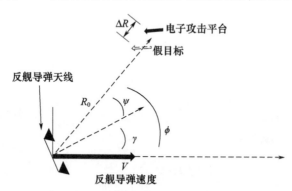

图 5.5 产生近距离假目标示意图

如果反舰导弹雷达导引头发射一个线性调频编码的低截获概率波形,那么基于数字射频存储的电子攻击系统可以通过发射一个具有适当频率偏移的信号,在比平台更近的距离人为地产生一个假目标。假目标距离的远近取决于频移符号是否与线性调频的斜率(增加或减少)相协调。电子战工程师只有充分理解信号处理的细微特征,才能正确地使用现代电子战技术。

## 5.2　步进波形电子防护

第 3 章建立了简单真实目标以及简单假目标的数学模型。第 4 章建立了由多个散射单元组成的面目标模型。结果表明，真实目标的雷达散射截面统计值与简单假目标的雷达散射截面统计值是可以区分的。此外，还比较了假目标和面目标的单脉冲比统计值。之前的讨论表明，对于面目标或复杂目标，改变载波频率是增强雷达散射截面时间变化的一项标准雷达技术。

另一种增强面目标与假目标区别的众所周知的技术是利用步进频率波形。步进频率波形可以有效地获得复杂目标的距离轮廓[2,4-6]。

此外，采用步进频率波形可作为目标分类的电子防护技术。在之前的推导过程中，使用了简单的发射波形，发射频率来自式（3.62），即为

$$f_T = f_0 + \delta f \tag{5.27}$$

以下参数在第 3 章中已经定义：

$$PRI = T \tag{5.28}$$

$$\delta f = \frac{-2v\cos\gamma}{\lambda} \tag{5.29}$$

$$\beta = \frac{-4v_T\sin\gamma}{\lambda} \tag{5.30}$$

$$f_D = \frac{2v_T\cos\theta_T}{\lambda} \tag{5.31}$$

$$\Phi = \frac{d}{2\lambda} \cdot \sin(\Psi) \tag{5.32}$$

式（5.29）中的频率差是发射频率与接收机载波频率之间的偏移量，用于校正沿天线方向的平台运动产生的多普勒。式（5.30）中的变量是表示与天线指向垂直的反舰导弹平台速度的无量纲变量。式（5.31）中的变量表示目标径向速度部分的多普勒频率。式（5.32）中的变量表示散射单元相对于天线指向的角度。

在 $\Sigma$ 通道的模数转换器上射频处理输出的主要目标散射单元的第 $p$ 个脉冲的回波可表达为

$$\Sigma_k = A_k(R)\,e^{\left[2\pi i\left\{(\beta\Phi + f_D T)p - \frac{2R_k}{\lambda}\right\}\right]} \cdot \cos^2(2\pi\Phi) \tag{5.33}$$

式（5.33）在第 4 章中用于展示完整目标回波，如式（4.63）。散射单元的雷达散射截面并入幅度中。虽然雷达散射截面从一个相参处理间隔到下一个相参处理间隔是随机的，但它通常仅限于一个距离–多普勒单元。根据这个假设，主项是：

$$\Sigma_T = e^{2\pi i(\beta\Phi + f_D T)p} \cdot e^{-2\pi i \frac{2R_0}{\lambda}}\cos^2(2\pi\Phi)\left(\sum a_k \cdot e^{2\pi i \frac{2\delta R_k}{\lambda}}\right) \tag{5.34}$$

近似后为

$$\Sigma_{\mathrm{T}} = A_{\mathrm{T}} \cdot \mathrm{e}^{2\pi\mathrm{i}(\beta\Phi + f_{\mathrm{D}}T)p} \cdot \mathrm{e}^{-2\pi\mathrm{i}\frac{2R_0}{\lambda}} \cos^2(2\pi\Phi) \tag{5.35}$$

同样,基于数字射频存储的电子攻击系统或被动诱饵产生的假目标(F)回波可表示为

$$\Sigma_{\mathrm{F}} = A_{\mathrm{F}} \cdot \mathrm{e}^{2\pi\mathrm{i}(\beta\Phi + f_{\mathrm{D}}T)p} \cdot \mathrm{e}^{-2\pi\mathrm{i}\frac{2R_0}{\lambda}} \cos^2(2\pi\Phi) \tag{5.36}$$

根据第 2 章的讨论,将离散傅里叶变换多普勒处理应用于式(5.35)或式(5.36),多普勒单元 $m$ 的输出是辛格函数(假设没有使用滤波器加权函数):

$$\Sigma = A \cdot \mathrm{e}^{-2\pi\mathrm{i}\frac{2R_0}{\lambda}} \cdot \cos^2(2\pi\Phi) \cdot \mathrm{sinc}\{\pi[(\beta\Phi + f_{\mathrm{D}}T)p - m]\} \tag{5.37}$$

多普勒频率和频率分辨率为

$$F_{\mathrm{D}} = \frac{\beta\Phi + f_{\mathrm{D}}T}{T} \tag{5.38}$$

$$\Delta F_{\mathrm{D}} = \frac{1}{PT} \tag{5.39}$$

同样,多普勒分辨率是总相参处理间隔积分时间的倒数。

回到前面的推导,假设相参处理间隔由 $P$ 个步进频率脉冲组成,第 $p$ 个脉冲的发射频率为

$$f_{\mathrm{T}p} = f_0 + \delta f + p \cdot \Delta f \tag{5.40}$$

比较先前推导的结果,目标散射单元 $k$ 的新结果为

$$\Sigma_k = A_k(R)\mathrm{e}^{\left[2\pi\mathrm{i}\left\{\left(\beta\Phi + f_{\mathrm{D}}T - \frac{2\Delta f \cdot R_k}{c}\right)p - \frac{2R_k}{\lambda}\right\}\right]} \cdot \cos^2(2\pi\Phi) \tag{5.41}$$

将多个散射单元的回波相加得到总的回波,信号的时间延迟给出了相对标准距离的标称距离。在式(5.33)和式(5.34)中,脉冲相关部分不依赖于单个散射单元的距离。多普勒处理的结果是单个(宽距离视场)距离/多普勒单元的峰值幅度,代表目标的复合雷达散射截面。第 4 章研究了对这样的单个单元的雷达散射截面的度量。

在步进频率情况下,该距离处的多普勒滤波单元包含了波束偏离角、真实目标多普勒以及目标距离分布的信息。这时,通常要评估频率步进的大小以及与目标大小的关系,以获得准确的距离分布。对于单个散射单元,根据式(5.37),多普勒处理结果为

$$\Sigma = A \cdot \mathrm{e}^{-2\pi\mathrm{i}\frac{2R_0}{\lambda}} \cdot \cos^2(2\pi\Phi) \cdot \mathrm{sinc}\left\{\pi\left[\left(\beta\Phi + f_{\mathrm{D}}T - \frac{2\Delta f \cdot R_k}{c}\right)P - m\right]\right\}$$

$$\tag{5.42}$$

多普勒频率和频率分辨率在式(5.38)和式(5.39)的基础上增加了附加项,频率为

$$F_D = \frac{\beta\Phi + f_D T - \dfrac{2\Delta f \cdot R_k}{c}}{T} \qquad (5.43)$$

频率的一部分与散射单元的距离对应,距离分辨率为

$$\Delta R = \frac{c}{2 \cdot P \cdot \Delta f} \qquad (5.44)$$

这与之前的距离分辨率表达式相同,不过 $B_W$ 对应于步进频率波形的频率范围为

$$B_W = P \cdot \Delta f \qquad (5.45)$$

假设步进为 5MHz,脉冲数 $P = 64$,总带宽为 320MHz,多普勒滤波器的距离分辨率约为 0.5m,全部 64 个单元覆盖的距离范围约为 32m,选择这组参数将使舰船目标距离产生显著的混叠,因为距离为若干千米。然而,结果是真实目标在这个距离内的多个多普勒单元中存在响应。综上所述,对于固定频率波形,真实目标的响应形成峰值,并落入一个距离 – 多普勒单元中;对于步进频率波形,其响应分布在该距离单元中的多个多普勒单元上。

然而,反舰导弹传感器的目标不是获得精确的距离像,而是增强假(点)目标和真(面)目标之间的差异。假目标的接收机输出表达式与式(5.42)相同,为

$$\Sigma_F = A \cdot e^{-2\pi i \frac{2R_F}{\lambda}} \cdot \cos^2(2\pi\Phi) \cdot \mathrm{sinc}\left\{ \pi\left[ \left( \beta\Phi + f_D T - \frac{2\Delta f \cdot R_F}{c} \right) P - m \right] \right\} \qquad (5.46)$$

不同的是,这是完全从一个距离和角度返回的假目标的全部回波。如上所述,如果波形是固定频率,则响应在单个距离 – 多普勒单元中。如果波形是步进频率,则距离 – 多普勒单元的含义是混叠的,但假目标的响应仍落入单个距离 – 多普勒单元中。

图 5.6 和图 5.7 是简化的仿真结果。假设反舰导弹雷达使用图 5.6 上面部分的固定频率波形(图中为了说明只给出了 4 个脉冲)。仿真中目标包括一个 4 个散射单元组成的目标和具有同样总雷达散射截面的简单假目标。两个目标的径向速度均为零。图 5.7 上面两张图给出了固定频率波形时,假(点)目标和高价值目标的多普勒处理输出。可以看出,输出是相同的。

现在假设反舰导弹雷达使用简单的步进频率波形,如图 5.6 下部所示(同样只示意了 4 个脉冲)。仿真中,频率步进为 5MHz,相参处理间隔由 16 个脉冲组成。图 5.7 下部给出了两个目标的多普勒处理结果。假(点)目标的峰值与之前相同,但如预期的那样落在不同的多普勒单元中。虽然目标的总雷达散射截面完全相同,但真实目标由 4 个不同距离的散射单元组成,其响应由 4 个单独尖峰组成,每

个尖峰的幅度远小于固定频率波形的总雷达散射截面。

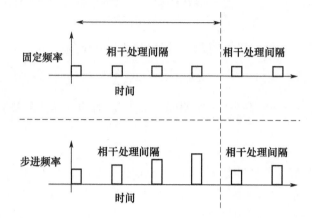

图 5.6　复杂交替的电磁防护探测波形图

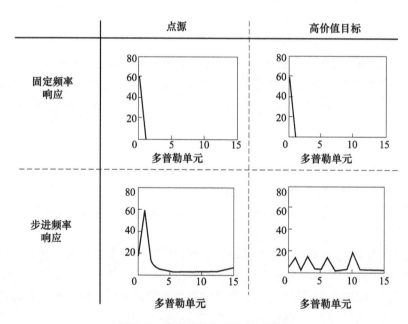

图 5.7　真实目标与假目标响应图

　　如图 5.7 所示,对于假目标,尽管在两种波形中在不同的多普勒单元处,但都主要在一个距离－多普勒单元中。对于真实目标,在使用固定波形检测到目标后,使用步进频率波形进行详查,则图像会分布在多个单元格上,这些单元格代表一个混叠的高分辨率距离轮廓。因此,步进频率波形能更清楚地区分真实目标和虚假目标。中国和其他地区的研究人员发表了许多论文来探讨此类技术[7-9]。

到目前为止本文考虑的固定频率波形和步进频率波形均用于不同的相参处理间隔。这里提出一种方法来进一步迷惑电子攻击系统,即现代微波技术。该技术在一个相参处理间隔中同时产生两种发射波形。具体可以使用廉价的直接数字合成器之类的装置产生发射脉冲,如图5.8所示,固定频率脉冲后面接连一个步进频率脉冲(应将图5.8与图5.6进行比较)。

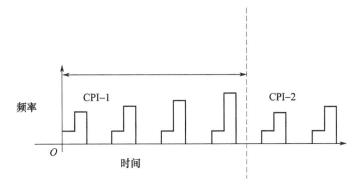

图 5.8　复杂同步的电子防护探测波形

如果步进序列与固定频率波形处于不同的频带,则反舰导弹雷达可以在同一个相参处理间隔间发送两个波形,接收机可以设置为像之前一样只处理其中任意一个波形。这将进一步干扰电子攻击系统。取决于所用的处理器,电子攻击系统可能会使用瞬时频率测量(IFM)接收机来进行干扰调谐。在这种情况下,电子攻击系统只能处理波形的前导部分,即本图中的固定频率部分。如果电子攻击系统没有检测到步进频率部分,则不会生成针对这部分信号的假目标。如果电子攻击系统确实检测到两部分波形,则针对两种波形的假目标仍然是点目标。

如前所述,反舰导弹雷达可以处理波形的前导部分,以检测和跟踪目标,提供制导所需的信息。在发射相同波形的情况下,通过改变接收机参数,反舰导弹雷达可以探测目标分类信息,不管电子攻击系统是否对步进频率探测信号作出响应。

综上所述,真实目标对固定频率波形的响应为单个距离 – 多普勒单元中的尖峰,而对步进频率波形的响应覆盖了该距离单元中的多个多普勒单元。两种波形的假目标在反舰导弹雷达的响应都是在单个距离 – 多普勒单元中的尖峰。这是一种识别真假目标的简单方法。可能的对抗措施是使用复杂的处理器和基于数字射频存储的电子攻击系统来生成一个更真实的具有物理结构的假目标[10]。

本章和第4章讨论的几个概念,在某种程度上结合了20世纪90年代苏联工程师的专利[5,6],专利名称为"选择水面目标的方法"。作者讨论了在使用脉冲多普勒相参雷达时,区分箔条、无源诱饵(如角反射器)和由多个散射元件组成的舰船的需求。

该技术第一步使用固定频率多普勒($M$ 个单元)波形,用雷达散射截面阈值检测目标。在这一阶段,雷达处理器可以根据第 4 章中描述的多普勒特征识别箔条。一旦检测到潜在目标,该技术将改变波形,有意探测其他目标特征。作者认识到,将波形频率移动超过 $\Delta f$ 会使舰船目标(长度为 $L$)的雷达散射截面快速去相关,其中

$$\Delta f > \frac{C}{2L} \tag{5.47}$$

该探测技术在载波频率($f_n$)上传输 $N$ 个相参处理间隔波形,每个波形都增加了 $\Delta f$ 或阶跃频率。对于每个相参处理间隔,处理 $M$ 个脉冲,得到第 $n$ 个相参处理间隔和第 $m$ 个多普勒单元的雷达散射截面估计值。对于每个相参处理间隔($n$),选择不同 $m$ 个多普勒单元的最大雷达散射截面($\sigma_n$),如图 5.9 定性所示。

建议采用如下公式度量归一化雷达散射截面,即

$$\text{Metric}' = \frac{\frac{1}{N}\sum_n |\sigma_{n+1} - \sigma_n|}{\frac{1}{N}\sum_n \sigma_n} \tag{5.48}$$

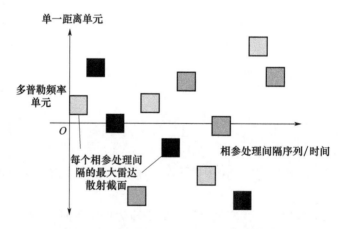

图 5.9　每个相参处理间隔中的最大雷达散射截面估计示意图

与使用 Lag－1 估计量类似,作者认为,对于船舶目标,雷达散射截面的估计值很快失去相关性,雷达散射截面度量值(式(5.48))接近 1。相比之下,作者认为无源(角反射器)诱饵不会快速去相关,雷达散射截面度量值(式(5.48))接近零。

因此,这项早期专利指出了利用距离－多普勒特性识别箔条、利用雷达散射截

面统计信息分类目标、设计探测目标特征的波形以及使用增强目标分类特征的波形等概念。该技术的发展方向是越来越多地开发获取目标分类特征的波形和处理方法。

## 5.3　探测波形电子防护

作为利用上述结果和探测目标分类特征的最后手段,再次考虑反舰导弹多普勒测量[7-9]

$$f_\mathrm{D} = \frac{2f_0\,v_\mathrm{T}}{c} \cdot \cos\theta_\mathrm{T} + \frac{2f_0 v}{c} \cdot (\cos\varphi - \cos\gamma) \tag{5.49}$$

现在忽略目标径向速度的多普勒分量,多普勒的剩余部分是目标相对于速度矢量的角度引起的。众所周知,多普勒代表了从反舰导弹向外辐射的双曲线网格。距离–多普勒阵列具有相对于反舰导弹速度的二维位置网格的特征(当反舰导弹从侧面观察目标时,目标方向与速度方向正交,这构成了合成孔径雷达成像的基础)。多普勒测量与反舰导弹的速度具有固有的对称性。反舰导弹按照载波频率进行速度校正,具有沿天线矢量方向设置零多普勒的作用。

假设发射固定的波形,反舰导弹轨迹沿飞行方向以一个小角度振荡。例如,在交战的最后阶段,反舰导弹使用典型的机动(迂回轨迹)来降低反舰导弹火力控制的有效性,如图 5.10 所示。迂回轨迹一般只朝目标的方向。如果雷达正在跟踪目标,则在该机动过程中,天线通常保持指向目标的方向。为简单起见,将面目标的端点(B 表示船头,S 表示船尾)表示为独立的散射单元。

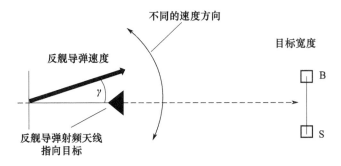

图 5.10　对用两个散射单元代表面目标的跟踪示意图

由于速度矢量是变化的,距离–多普勒二维坐标网格相对于目标散射单元在海面上是变化的。固定多普勒(角度)的网格线如图 5.11 所示。

在攻击目标位于侧面时,代表面目标的两个端点的散射单元的方位角稍有不

同。两个端点的多普勒值为

$$f_k = f_0 \frac{2v}{c} \cdot \left[ \cos \varphi_k - \cos\gamma \right] \tag{5.50}$$

角度 $\varphi$ 是速度矢量和目标之间的夹角。角度 $\gamma$ 是天线和速度矢量之间的角度。速度矢量是振荡的,天线固定指向舰船目标的中心方向上。

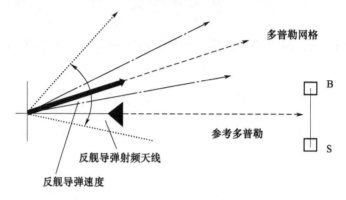

多普勒网格

参考多普勒

反舰导弹射频天线

反舰导弹速度

图 5.11　与波束指向的夹角相关的多普勒网格

$$\varphi_k = \gamma \pm \delta \varphi_k \tag{5.51}$$

$$\gamma = \gamma_0 \sin\omega t \tag{5.52}$$

可以看出,每一端的多普勒值是不同的,这种差异是时变的。因此,在交战过程中,距离 – 多普勒矩阵中面目标的图像在多普勒维上时而扩展,时而收缩。船头和船尾的多普勒分别为

$$f_{dB} = f_0 \frac{v}{c} \cdot \left[ \cos\gamma( \cos\delta \varphi_k - 1 ) + \sin\gamma\cos\delta \varphi_k \right] \tag{5.53}$$

$$f_{dS} = f_0 \frac{v}{c} \cdot \left[ \cos\gamma( \cos\delta \varphi_k - 1 ) - \sin\gamma\cos\delta \varphi_k \right] \tag{5.54}$$

多普勒的扩展为

$$f_{de} = 2f_0 \frac{v}{c} \cdot \sin\gamma\cos\delta \varphi_k \approx 2f_0 \frac{v}{c} \cdot \gamma_0 \sin( \omega t ) \cos\delta \varphi_k \tag{5.55}$$

多普勒的变化与反舰导弹运动同步(结果类似于多普勒波束锐化)。这个强有力的特征表明目标是一个扩展物体,而不是一个假目标(点源)。为了便于说明,假设反舰导弹以大约马赫数 3 的速度向 200m 长的目标移动,并在接近目标时进行加速度为 6g 的转弯。采用典型的 30Hz 左右的多普勒单元很容易分辨出目标。图 5.12 中的左图显示了典型飞行 3s 期间的目标端点散射单元多普勒值。

多普勒值在 600Hz 范围内变化。右图显示了多普勒值的差异,如式(5.55)所

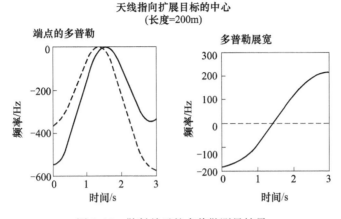

图 5.12　散射单元的多普勒测量结果

示。从距离–多普勒阵列的多普勒尺寸可以得出,舰船目标长约 200Hz。在所示的反舰导弹飞行 3s 内,舰船目标缩小到一个多普勒单元,并再次扩展到约 200Hz。如上所述,这种行为类似于多普勒波束锐化,即当反舰导弹未正对舰船目标时,能够分辨目标长度(包括热点和结构)。当反舰导弹速度矢量指向目标方向时,目标多普勒没有展宽(在多普勒成像中)。为了目标分类,反舰导弹通过观察这种多普勒长度的振荡,可以得到目标长度为 200m。在机动过程中,无源诱饵或数字射频存储产生的点目标将始终占据一个多普勒单元。

反舰导弹为降低动能武器效能而进行的战术机动提供了一种多普勒波束锐化效应,该效应周期性地获得高价值目标长度。多普勒长度随时间变化的这一特征清楚地将高价值目标与假目标的点图像区分开来。

综上所述,反舰导弹传感器的波形设计不仅可以提供足够的目标检测,给出精确的制导参数,使电子攻击系统的截获概率最小(低截获概率特征),而且还可以通过这些波形来增强舰船目标和假目标的分类能力。这样,在反舰导弹传感器的检测和制导性能没有下降的情况下,这些波形也可以使反舰导弹雷达传感器免受虚假目标的欺骗。

本章介绍了现代反舰导弹脉冲多普勒雷达几种快速通用抗干扰方法。这些波形设计方法包括:

(1) 使用长的脉冲压缩编码,编码从脉冲到脉冲随机变化;

(2) 检测相参处理间隔内是否有回波缺失;

(3) 交替使用固定频率波形与步进频率波形;

(4) 混合使用固定频率波形与步进频率波形;

(5) 在反舰导弹机动过程中检查目标的多普勒结构。

# 参考文献

[ 1 ] Pace, P. E. , *Detecting and Classifying Low Probability of Intercept Radar*, Norwood, MA: Artech House, 2009.

[ 2 ] Richards, M. , *Fundamentals of Radar Signal Processing*, New York, NY: McGraw – Hill, 2005.

[ 3 ] Skolnik, M. , *Radar Handbook*, Boston, MA: McGraw Hill, 1990.

[ 4 ] Schleher, D. C. , *Electronic Warfare in the Information Age*, Norwood, MA: Artech House, 1999.

[ 5 ] Baskovich, E. , et al. , Method of Selecting Above – Water Targets, Patent RU 2083996, 1995.

[ 6 ] Ostrovityanov, R. , and F. Basalov, *Statistical Theory of Extended Radar Targets*, Norwood, MA: Artech House, 1985.

[ 7 ] Hongya, L. , et al. , "Methods to Recognize False Target Generated by Digital – Image Synthesizer," *IEEE International Symposium on Information Science and Engineering*, Shanghai, China, December 20 – 22, 2008, pp. 71 – 75.

[ 8 ] Chen, H. , et al. , "A New Approach for Synthesizing the Range Profile of Moving Targets via Stepped – Frequency Waveforms," *IEEE Geoscience and Remote Sensing Letters*, Vol. 3, No. 3, July 2006, pp. 406 – 409.

[ 9 ] Shen, Y. , et al. , "A Step Pulse Train Design for High Resolution Range Imaging with Doppler-Resolution Processing," *Chinese Journal of Electronics*, Vol. 8, No. 2, 1999, pp. 196 – 199.

[ 10 ] Fouts, D. , et al. , "Single – Chip False Target Radar Image Generator for Countering Wideband Imaging Radars," *IEEE Journal of Solid – State Circuits*, Vol. 37, No. 6, June 2002, pp. 751 – 759.

# 第6章

## 多接收机电子防护信号处理

本章介绍多接收机电子防护信号处理算法,这些算法更充分地利用了传感器中的多个接收机。其采用天线扫描法估计目标角度易受简单角度欺骗干扰,简单角度欺骗干扰利用了雷达测量目标角度需要扫描时间这一特点。同时为了改进测角处理,采用多个并行接收机,通过多个接收机的同时处理,实现了采用单脉冲对目标角度的精确估计。

到目前为止,所有的反舰导弹战术功能,如逻辑决策、检测、分类、跟踪和电子防护,都是通过阵列的和通道($\Sigma$ 通道)数据完成的。差通道($\Delta$ 通道)使用独立的接收机可以重复完全一样的射频(RF)处理。将和通道中与距离 – 多普勒单元相关的数据与 $\Delta$ 通道中相应单元的数据相结合,可实现目标角度的单脉冲测量。该测量值输入制导子系统,用于目标跟踪和反舰导弹制导。

不过,随着现代微波技术和高速数字处理器的引入,系统可实现全阵列的最优多通道数字信号处理。由于反舰导弹利用了目标测量所有可用的数据,反舰导弹的性能得到了显著提高。

此外,最优数字信号处理使新的有效电子防护能力成为可能,特别是对压制干扰。压制或噪声干扰的目的是在反舰导弹 $\Sigma$ 通道的距离 – 多普勒谱中填充高电平噪声,从而使高价值目标不能被观测到。这样,反舰导弹就无法从回波数据中提取包含目标信息的单元。反舰导弹充其量只能进入跟踪干扰源模式。

在跟踪干扰源模式中,反舰导弹只能跟踪电子攻击的方位。掠海飞行的反舰导弹可能最终击中干扰源,或者最终烧穿所发现的目标。如果该电子攻击是从舰船发射的,那么当有效欺骗使反舰导弹偏离高价值目标的角度时,就需要使用其他技术来保护干扰平台。如果电子攻击是由舷外诱饵或无人机(例如无人水面航行艇)产生的,则此电子攻击能够非常有效地欺骗反舰导弹传感器。

6.1 节对单脉冲比的详细分析表明,可以利用两个雷达接收机的信息对隐藏的舰船目标进行定位和跟踪。这可能需要对许多或所有距离 – 多普勒样本进行单脉冲计算,从而增加了额外的处理负担。然而,通过使用完整阵列的单脉冲比,可以显著地减轻压制干扰的影响。

6.2 节介绍使用两个接收机的最优信号处理技术。以假目标欺骗干扰为例，说明如何扩展传统的和通道处理，使其包含完整的数据阵列。结果表明，采用全双通道数据可以进一步改善现有的电子防护算法。由于将算法扩展到了全阵列的优化处理，性能至少提高了 3dB。

最后一节的研究表明，最优双通道处理总体上降低了压制干扰的有效性。不必执行全阵列的复数除法，而可以直接使用线性代数技术来优化处理完整的数组。

这些信号处理算法的发展在一系列发表的研究论文中率先提出。这些研究论文的主旨是将空时自适应处理（STAP）的简化处理应用于近前视双通道雷达。很显然，研究结果适用于舰艇电磁压制干扰下的反舰导弹雷达传感器处理。该方法简化了反舰导弹的硬件结构，并且随着压制干扰电平的提高，电子防护算法的性能同样得到了提高。

# 6.1 双相参干扰源电子防护近似

本节讨论降低噪声或压制电子攻击效能的多通道最优处理。研究该算法，可以更好地、更直观地理解后面的许多概念。图 6.1 说明了反舰导弹双通道脉冲多普勒雷达导引头目前采用的典型处理方法。

雷达每发射一个脉冲，都会处理来自特定距离带的回波信息。射频数据通过天线子阵获取。天线子阵中的射频数据进行组合，形成（$\Sigma$）波束和 $\Delta$ 波束，并供以后的单脉冲处理使用。这些信号通过两个并行射频接收机以相同的方式分别处理，形成两组信号。如前所述，如有必要，通过脉冲压缩对每组信号进行处理，从而对每个脉冲形成两个距离向的数组。$P$ 个脉冲构成一个相参处理间隔，一个相参处理间隔的数据再次处理，以生成两组距离 - 多普勒阵列数据。利用图 6.1 中标注的数字信号处理器，对和通道的距离 - 多普勒数字阵列进行处理，用于目标检测和参数提取。在数字处理器中，基于和通道的信号，完成导引头模式选择、目标分类、目标跟踪、电子防护、自动增益控制等处理。$\Sigma$ 通道中感兴趣目标的选择用于

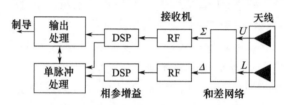

图 6.1　标准反舰导弹雷达处理流程

确定 Δ 通道中相应的距离 – 多普勒单元。利用这两个复数据的比得到单脉冲比,用于角度估计和制导输入。

对于标准脉冲多普勒雷达,通常将和通道数据视为距离 – 多普勒数组,如图 6.2 所示。图中标出了被压制干扰掩盖无法看到的高价值目标和电子攻击平台的回波。所有距离 – 多普勒单元布满噪声表明这是压制干扰。

实际上,这些数据是在某个角度观测下的距离 – 多普勒阵列。这些数据包含了目标回波相对于和波束所指向的角度信息。通过单脉冲比可以获得该角度。为了方便起见,和标准空时自适应处理技术一样,此时可以将数据按照距离 – 角度构成二维数组。

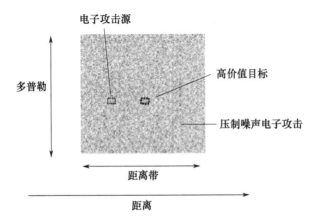

图 6.2　压制干扰条件下的距离 – 多普勒数组

图 6.3 定性地表示了压制干扰填充的数据阵列,高价值目标和干扰平台的回波被干扰所掩盖。图中用 Σ 通道天线方向图对干扰作了加权,阴影表示干扰完全压制了所有的数据单元。假设反舰导弹系统处于跟踪干扰源模式时天线指向电子攻击源。

考虑和通道和差通道全阵列的距离 – 多普勒 – 角度数据。对于每个相参处理间隔和每个距离单元,都有 $P$ 个 Σ 通道多普勒值和 $P$ 个 Δ 通道多普勒值。在有压制干扰的情况下,可以在每个 Σ 通道单元上进行以下假设检验。为了完整性,检验包括了差通道数据(暂时不关心干扰源的回波,目前回波还没有在公式中明确表示)。

$$H_0 : \Sigma(H_0) = PA_S \Sigma_S + YA_J \Sigma_J + \sigma_N \Sigma_N \qquad (6.1)$$

$$\Delta(H_0) = PA_S \Sigma_S + YA_J \Delta_J + \sigma_N \Delta_N \qquad (6.2)$$

$$H_1 : \Sigma(H_1) = YA_J \Sigma_J + \sigma_N \Delta_N \qquad (6.3)$$

$$\Delta(H_1) = YA_J \Delta_J + \sigma_N \Delta_N \qquad (6.4)$$

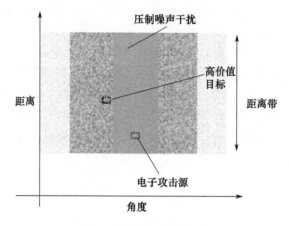

图 6.3 距离 – 角度数组

式中:$A_S$ 和 $A_J$ 分别为舰船目标的幅度和干扰强度;$\sigma_N$ 为接收机噪声水平。其他符号在前几章中都有描述。根据式(3.83)~式(3.87),$\Sigma_S$ 和 $\Delta_S$ 的表达式可以表示为

$$\Sigma_S = e^{\left(-2\pi i\frac{2R_S}{\lambda}\right)} \cdot \cos^2(2\pi\Phi)\langle\Sigma|\Omega|\Sigma\rangle \tag{6.5}$$

$$\Delta_S = e^{\left(-2\pi i\frac{2R_S}{\lambda}\right)} \cdot i\cos(2\pi\Phi)\sin(2\pi\Phi)\langle\Sigma|\Omega|\Sigma\rangle \tag{6.6}$$

$$\langle\Sigma|\Omega|\Sigma\rangle \approx |g_\Sigma^p(\Psi)|^2 \sigma_{pp} \tag{6.7}$$

在本节中,为了方便,将雷达截面积和天线项合并到振幅中。再利用小角度近似可得:

$$\Sigma_S \approx e^{\left(-2\pi i\frac{2R_S}{\lambda}\right)} \tag{6.8}$$

$$\Delta_S = \Sigma_S \cdot i2\pi\,\Phi_s \tag{6.9}$$

类似地,根据式(3.100)~式(3.103),$\Sigma_J$ 和 $\Delta_J$ 可以表示为

$$\Sigma_J = e^{\left[2\pi i\left(-\frac{2R_J}{\lambda}\right)\right]}\left[\cos^2(2\pi\Phi)\langle\Sigma|\Sigma_J\rangle\langle\Sigma_J|\Sigma\rangle\right] \tag{6.10}$$

$$\Delta_J = e^{\left[2\pi i\left(-\frac{2R_J}{\lambda}\right)\right]}\left[i\cos(2\pi\Phi)\sin(2\pi\Phi)\langle\Sigma|\Sigma_J\rangle\langle\Sigma_J|\Sigma\rangle\right] \tag{6.11}$$

对干扰采取与目标同样的近似,得到:

$$\Sigma_J = e^{\left[2\pi i\left(-\frac{2R_J}{\lambda}\right)\right]} \tag{6.12}$$

$$\Delta_J = \Sigma_J \cdot i2\pi\,\Phi_J \tag{6.13}$$

定义变量 $Y$ 为特定多普勒单元中回波的干扰部分的多普勒处理结果。参数 $Y$ 为

$$Y(k) = \Sigma_p e^{-2\pi i \frac{kp}{P}} \cdot e^{[2\pi i(\beta\Phi p + \eta_p^1)]} \tag{6.14}$$

变量 $\Sigma_N$ 和 $\Delta_N$ 表示彼此不相关的随机白噪声变量。每个变量的期望值取 1，噪声变量的所有其他相关性假定为零。

假设雷达发射 $P$ 个脉冲，从第 3 章可知，$\Sigma$ 阵列中的目标信噪比为

$$\mathrm{SNR} = \frac{PA_S^2}{\sigma_N^2} \tag{6.15}$$

类似地，采用式 (6.14) 中 $Y$ 的定义，信干比为

$$\mathrm{SJR} = \frac{PA_S^2}{A_J^2} \tag{6.16}$$

为完整起见，完整的信干噪比（SIR）为[①]

$$\mathrm{SIR} = \frac{PA_S^2}{A_J^2 + \sigma_N^2} \tag{6.17}$$

假设干扰源和目标船都在天线的主波束内，那么可以使用上述表达式中的近似结果进行假设检验。如果 $H_0$ 为真（对应于包含目标回波的距离 – 多普勒单元）

$$H_0 : \Delta(H_0) = \mathrm{i}2\pi PA_S \, \Phi_S \, \Sigma_S + \mathrm{i}2\pi YA_J \Phi_J \Sigma_J + \sigma_N \Delta_N \tag{6.18}$$

类似地，如果假设 $H_1$ 为真（对应于任何不包含舰船回波的距离 – 多普勒单元），则 $A_S$ 项为零，那么有

$$H_1 : \Delta(H_1) = \mathrm{i}2\pi YA_J \, \Phi_J \, \Sigma_J + \sigma_N \, \Delta_N \tag{6.19}$$

假设对每个单元执行单脉冲比和尺度变换，并且干扰功率远大于接收机噪声功率，则一般值为

$$k\frac{\Delta}{\Sigma} \approx \mathrm{i}\Psi_J + \mathrm{i}\delta\Psi \cdot \frac{z}{1+z} + \mathrm{nse} \tag{6.20}$$

$$z \equiv \frac{PA_S \Sigma_S}{YA_J \Sigma_J} \tag{6.21}$$

$$\langle(|z|)^2\rangle \approx \mathrm{SJR} \tag{6.22}$$

$$\delta\Psi = \Psi_S - \Psi_J \tag{6.23}$$

复变量 $z$ 包含处理增益和雷达距离方程项。所有单元格（$H_1$ 为真）的变量 $z$ 为零，除非待测单元包含舰船回波（$H_0$ 为真）。变量 $z$ 的大小与舰船目标功率与电子攻击系统干扰功率之比的平方根成正比。

式 (6.20) 中的噪声项是标准单脉冲测量噪声。单脉冲测量噪声方差和电子攻击系统干扰功率与接收机噪声功率之比（即干噪比（JNR））成反比。下面将详

---

① 译者注：此处的信干噪比（SIR）是目标回波功率与人为干扰和接收机噪声之和的功率之比。

细介绍干噪比的标准表述。

在对相参处理间隔数字数据阵列进行标准单脉冲处理后,可以对单脉冲比的距离 - 多普勒阵列进行假设检验。例如,可以形成一个类似恒虚警率检测的模板,并将待检测单元与背景单脉冲比的水平进行比较。每个单元的假设检验为

$$H_0 : k \frac{\Delta}{\Sigma}(H_0) \approx i\Psi_J + i\delta\Psi_J \cdot \frac{z}{1+z} + \text{nse} \tag{6.24}$$

$$H_1 : k \frac{\Delta}{\Sigma}(H_1) \approx i\Psi_J + \text{nse} \tag{6.25}$$

阵列每个单元中的单脉冲比是一个随机变量,具有相同的噪声统计特性,但平均值不同。这是一个众所周知的统计假设检验问题。

考虑使用简单的对数似然比(LLR)模型进行假设检验。假设测量值 $Z$ 是平均值加上方差为 $\sigma^2$ 的高斯噪声。

$$H_0 : Z = \mu_0 + \text{nse} \tag{6.26}$$

$$H_1 : Z = \mu_1 + \text{nse} \tag{6.27}$$

对数似然比是两个高斯概率分布函数($i=0$ 或 $i=1$)之比的对数

$$P(Z|H_i) = Ke^{-\frac{(Z-\mu_i)^2}{2\sigma^2}} \tag{6.28}$$

$$\lambda = \ln\left[\frac{P(Z|H_0)}{P(Z|H_1)}\right] \tag{6.29}$$

$$\lambda = \left(Z - \frac{\mu_0 - \mu_1}{2}\right) \cdot \frac{\mu_0 - \mu_1}{\sigma^2} \tag{6.30}$$

对数似然比变量($\lambda$)是一个具有高斯概率分布的随机变量。假设检验由变量 $\Lambda$ 控制,其中

$$\langle \lambda_0 \rangle = \frac{\Lambda}{2} \tag{6.31}$$

$$\langle \lambda_1 \rangle = \frac{-\Lambda}{2} \tag{6.32}$$

对数似然比的方差为

$$\Lambda = \frac{(\mu_0 - \mu_1)^2}{\sigma^2} \tag{6.33}$$

这两个假设的对数似然比服从高斯分布,平均值间隔为文后的方差。对于足够大的 $\Lambda$,通常约为 36dB 或 15.6dB,可以实现良好的统计检测(如具有 $10^{-4}$ 的虚警概率和 0.99 的检测概率的 Neymann - pearson 标准)。

图6.4 说明了 $\Lambda$ 值较小时的对数似然比概率分布,图中包含了恒虚警检测的阈值。通常情况下,检测被定义为:给定一个可接受的概率,这个概率为当实际 $H_1$

为真时,估计结果为 $H_0$ 的概率。阈值右侧的 $H_1$ 分布的面积表示虚警概率,阈值右侧的 $H_0$ 分布的面积表示检测概率,也就是 $H_0$ 为真时接受为 $H_0$ 的概率。

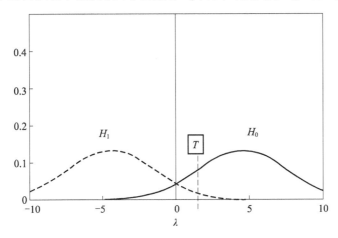

图 6.4　典型的对数似然比概率分布

从式(6.33)可见,对数似然比检测性能取决于两个假设的均值之差的平方与测量概率分布的方差之比。$\Lambda$ 是信干比的基本度量。

对于单脉冲比测量,噪声的方差(式(6.33)中的 $\sigma^2$,假设角度用弧度表示,$B_W$ 为天线波束宽度)为

$$\text{var} = \langle \text{nse}^* \cdot \text{nse} \rangle = \frac{B_W^2}{1.885^2 \cdot \text{JNR}} \tag{6.34}$$

因此,结合式(6.22)~式(6.34)的结果,检测度量近似为(使用式(6.15)中 $z$ 的近似值)

$$|\Lambda| = \frac{\left( \left| \delta\Psi \cdot \dfrac{z}{1+z} \right| \right)^2}{\text{var}} \approx |(\Psi_S - \Psi_J)^2| \cdot \frac{1.885^2}{B_W^2} \cdot \text{SNR} \tag{6.35}$$

检测性能与高价值目标和干扰源之间的夹角的平方相关,也与信噪比相关,检测性能随两者的增加而提高。当舰船目标在波束内,电子攻击平台和舰船目标之间的角度间隔越大,检测性能就越好。因此,检测性能随着距离的缩短或交战的进程而提高。检测性能也随着相参处理增益的增加而改善。增加处理增益和减小距离都能提高接收机处理的信噪比。而减小距离也增加了角度差,总的检测性能与距离的六次方成反比。

只要反舰导弹传感器动态范围足够大,使模数转换器不饱和,并且目标强度不小于模数转换器最低一至两位有效位,干扰不会降低检测性能。值得注意的是,随着干扰强度的增加,式(6.24)式(6.25)中的 $H_0$ 和 $H_1$ 之间的平均值差异减小。

然而,随着干扰强度的增加,单脉冲测量的精度也相应提高,见式(6.34)。因此就有式(6.35),其说明检测性能通常与干扰强度无关。

在波束宽度大约10°,较高干信比条件下,计算了各种信噪比的理论结果。理论性能如图6.5所示。

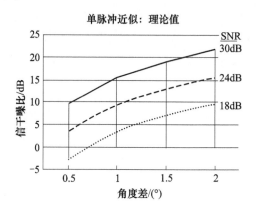

图6.5 单脉冲比检测的理论结果

这里强调两点。首先,检测结果对干扰功率不敏感。式(6.35)和图6.5中的信噪比是不含干扰的,是高价值目标回波信号功率与反舰导弹雷达接收机噪声功率的比值。为便于以后在6.3节中使用,应注意,本节中使用的信噪比与和通道中测量的信噪比有关。在第3章的表述中,假设 $P$ 个脉冲在单脉冲测角前进行了多普勒处理,因此:

$$\mathrm{SNR} = \frac{PA_\mathrm{S}^2}{\sigma_\mathrm{N}^2} \tag{6.36}$$

其次,这个检测对高价值目标和干扰源之间的角度非常敏感。例如,0.5°对应于20km 处约170m 的横向距离差,1°对应于20km 处约340m 的横向距离差,10km 处约170m 的横向距离差。前面已经指出,测试指标基本上是信号强度(单脉冲比平均值的差异)与干扰和噪声强度(单脉冲比测量噪声方差)的比(信干噪比)。该测试指标基本上是对数似然比形式中参数 $\Lambda$ 的估计值。从图6.5可以看出,信噪比为24dB,角间距为1°时,信干噪比约为10dB。信噪比为30dB,角间距约为0.5°时,信干噪比为10dB。对于18dB[①] 信噪比和2°角间隔,信干噪比为10dB。

利用脉冲多普勒雷达的实际数据,对单脉冲比进行了广泛的研究。简单的测试已经证明了压制噪声干扰是无效的。当 $\Sigma$ 通道的压制干扰强度比信号大时,将

---

① 译者注:原文为15,但从图中看应为18。

两个(Σ和Δ)数据阵列转换为单脉冲比,含有舰船目标的距离 – 多普勒单元很容易与其他单元区分开。同样,这种电子防护算法之所以成功,是因为在所有不包含目标的单元中,单脉冲比非常一致。干扰越强,单脉冲比越一致。

图6.6和图6.7定性地说明了这个概念性的结果。两图左侧图像是Σ通道数据阵列(不同距离和多普勒的幅度数据)的标准图像。在这两种情况下,阵列都被压制干扰严重破坏,并且看不到目标。可以看出,电子攻击产生了不同的噪声干扰,形成类似噪声的图像。右侧图像是相同的距离 – 多普勒单元的单脉冲比。圆圈表示在单脉冲阵列中检测到的船舶目标位置(左侧图像中看不见)。一旦检测出高价值目标的距离 – 多普勒单元,就能容易地测量高价值目标的信息。

当反舰导弹导引头传感器受到噪声干扰时,反舰导弹处理器可以将单脉冲比作为一种非常有效的电子防护技术来减轻这种干扰的影响。采用两个独立的接收机数据相参组合,形成单脉冲比数据。单脉冲比数据显示了不同于干扰源的角度的所有目标。检测性能随着距离的减小而不断快速地提高。

如果目标在干扰源的方向上,目标最终会随着距离的缩短而烧穿。此外,反舰导弹雷达天线极化图的知识信息也可以用来识别含有舰船目标的单元。第4章引用了与此相关的算法。

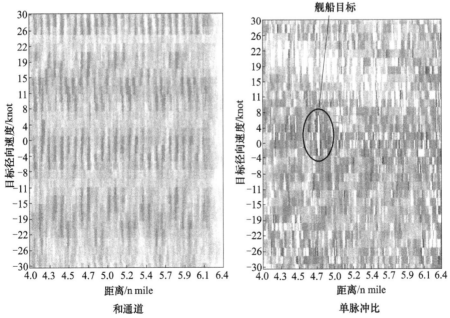

图6.6 单脉冲比减轻干扰的实验结果

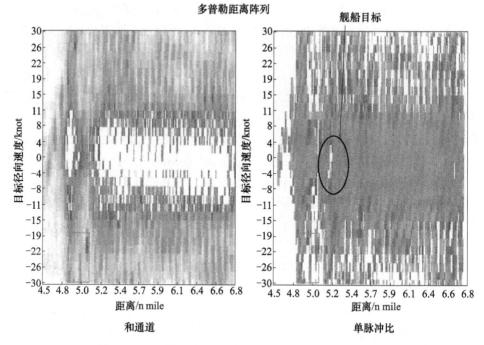

图 6.7　通过单脉冲比率减轻干扰的实验结果的两个示例

## 6.2　反舰导弹空时自适应处理

　　6.1节描述了在有压制干扰的情况下,可以通过使用两个相参接收机通道而不是仅仅依赖 $\Sigma$ 通道来提高对高价值目标的检测性能。在这种情况下,两个数据阵列被用来计算距离 - 多普勒单元的复单脉冲比。在搜索阶段,可以对所有多普勒范围和整个距离带进行处理。如果事先已知目标在阵列中的位置,则仅需计算目标周围区域的比率,以进行恒虚警率检测处理和目标跟踪。

　　在没有电子攻击的情况下可使用完整的数据,只是将可用数据量增加一倍,就可以提高 3dB 的检测性能。假设在传统处理中,基于 $\Sigma$ 通道的距离样本,对每个相参处理间隔进行多普勒处理。采用恒虚警率检测处理等标准检测技术,可以自适应地检测距离 - 多普勒阵中每个单元的目标幅度。

　　不是对每个距离单元的相参处理间隔数据进行多普勒处理,然后进行检测。考虑等效的检测方案。不是利用每个距离单元的 $P$ 个时间样本阵列(每个脉冲一个时间样本),对每个距离单元的 $P$ 个多普勒进行测量。而是使用导向矢量($\boldsymbol{W}$)作为检测单元的匹配滤波器。检测可以写成(其中向量有 $P$ 个元素,为 $P \times P$

矩阵）：

$$H_0 : \boldsymbol{\Sigma}(H_0) = A_S \boldsymbol{\Sigma}_S + \sigma_N \boldsymbol{\Sigma}_N \tag{6.37}$$

$$H_1 : \boldsymbol{\Sigma}(H_1) = \sigma_N \boldsymbol{\Sigma}_N \tag{6.38}$$

将导向矢量（$\boldsymbol{W}$）应用于 $\boldsymbol{\Sigma}$ 矢量，形成标量测量值（$Z$）。

$$Z = \boldsymbol{W}^+ \boldsymbol{\Sigma}(H_i) \tag{6.39}$$

如果 $H_1$ 为真，则判定为噪声。如果 $H_0$ 为真，则判定为信号加上噪声。最优检测将信干噪比（信号的幅度平方除以噪声或干扰）最大化。

$$\text{SIR} = \frac{A_S^2 \cdot \boldsymbol{\Sigma}_S^+ \boldsymbol{W} \boldsymbol{W}^+ \boldsymbol{\Sigma}_S}{\sigma_N^2 \cdot \langle \boldsymbol{\Sigma}_N^+ \boldsymbol{W} \boldsymbol{W}^+ \boldsymbol{\Sigma}_N \rangle} \tag{6.40}$$

假设白噪声，利用施瓦兹不等式，最佳导向矢量为

$$\boldsymbol{W} = k \boldsymbol{M}^{-1} \boldsymbol{\Sigma}_S \tag{6.41}$$

$$\boldsymbol{M} = \langle (\sigma_N \boldsymbol{\Sigma}_N)(\sigma_N \boldsymbol{\Sigma}_N)^+ \rangle = \sigma_N^2 \boldsymbol{I} \tag{6.42}$$

从式（3.81）中的主项取出 $P$ 个 $\boldsymbol{\Sigma}_S$ 矢量（其中 $\Omega$ 表示目标的 $2 \times 2$ 雷达横截面）

$$\boldsymbol{\Sigma}_S(p) = e^{\left\{ 2\pi i \left[ (\beta\Phi + f_D T) p - \frac{2R_s}{\lambda} \right] \right\}} \cdot \cos^2(2\pi\Phi_S) \cdot \langle \boldsymbol{\Sigma} | \boldsymbol{\Omega} | \boldsymbol{\Sigma} \rangle \tag{6.43}$$

白噪声条件下矩阵 $\boldsymbol{M}$ 是对角线矩阵，信干噪比是常规信噪比。将式（6.41）和式（6.42）的结果代入式（6.40）进行多普勒处理，其中包括作为导向矢量一部分的角度项（在这种形式中加权滤波很简单）。结果是：

$$\sigma_N^2 \cdot \langle \boldsymbol{\Sigma}_N^+ \boldsymbol{W} \boldsymbol{W}^+ \boldsymbol{\Sigma}_N \rangle = P \cdot \sigma_N^2 \cdot \left[ \cos^2(2\pi\Phi) \cdot \langle \boldsymbol{\Sigma} | \boldsymbol{\Omega} | \boldsymbol{\Sigma} \rangle \right]^2 \tag{6.44}$$

$$A_S^2 \cdot \boldsymbol{\Sigma}_S^+ \boldsymbol{W} \boldsymbol{W}^+ \boldsymbol{\Sigma}_S = P^2 \cdot A_S^2 \cdot \left[ \cos^2(2\pi\Phi) \cdot \langle \boldsymbol{\Sigma} | \boldsymbol{\Omega} | \boldsymbol{\Sigma} \rangle \right]^2 \tag{6.45}$$

$$\text{SIR} = \text{SNR} = \frac{P \cdot A_J^2}{\sigma_N^2} \tag{6.46}$$

在这个标准表达式中，$\Sigma$ 通道和 $\Delta$ 通道执行完全相同的处理。所有检测相关的任务都只使用 $\Sigma$ 通道数据。然后将 $\Sigma$ 通道中的选定数据单元与 $\Delta$ 通道中的相同单元组合，形成单脉冲比。最后在制导子系统中使用该测量值。

现在，在多普勒处理之前，考虑 $\Sigma$ 通道和 $\Delta$ 通道的全阵列数据的时间（脉冲数）、距离和角度。对于每个相参处理间隔和每个距离单元，都有 $P$ 个 $\Sigma$ 通道复数数据和 $P$ 个 $\Delta$ 通道数据。对于每个距离单元，在多普勒处理之前，通过交替的 $\boldsymbol{X}_+$ 和 $\boldsymbol{X}_-$ 分量生成 $2P$ 个 $\boldsymbol{X}$ 的分量，其中脉冲 $p$ 形成的复数矢量分量为

$$\boldsymbol{X}_+(p) = \boldsymbol{\Sigma}(p) + \boldsymbol{\Delta}(p) \tag{6.47}$$

$$\boldsymbol{X}_-(p) = \boldsymbol{\Sigma}(p) - \boldsymbol{\Delta}(p) \tag{6.48}$$

如果使用全部数据的向量（$\boldsymbol{X}$ 向量；向量有 $2P$ 个元素，矩阵大小为 $2P \times 2P$），则假设检验将变为

$$H_0 : \boldsymbol{X}(H_0) = A_S \boldsymbol{X}_S + \sigma_N \boldsymbol{X}_N \tag{6.49}$$

$$H_1 : X(H_1) = \sigma_N X_N \tag{6.50}$$

采用与上述同样的方式,标量 $Z$ 的表达式为

$$Z = W^+ X(H_i) \tag{6.51}$$

重复上述分析:如果 $H_1$ 为真,则检测结果为噪声;如果 $H_0$ 为真,则检测结果为信号加上噪声。最优检测是最大化信号部分的幅度平方除以噪声干扰部分。

$$\mathrm{SIR} = \frac{A_S^2 \cdot X_S^+ WW^+ X_S}{\sigma_N^2 \cdot \langle X_N^+ WW^+ X_N \rangle} \tag{6.52}$$

在白噪声假设下,利用施瓦兹不等式,证明了最优导向矢量为

$$W = kM^{-1} X_S \tag{6.53}$$

$$M = \langle (\sigma_N X_N)(\sigma_N X_N)^+ \rangle = \sigma_N^2 I \tag{6.54}$$

在式(6.40)中,使用了式(3.81)中的 $\Sigma$ 通道分量的近似值。假设与式(3.82)的近似相同。相应的 $\Delta$ 分量为

$$\Delta_S(p) = \mathrm{e}^{\left\{ 2\pi i \left[ (\beta\Phi + f_D T)p - \frac{2R_0}{\lambda} \right] \right\}} \cdot \mathrm{i}\cos(2\pi\Phi)\sin(2\pi\Phi) \cdot \langle \Sigma | \Omega | \Sigma \rangle \tag{6.55}$$

将式(6.43)和式(6.55)代入式(6.47)和式(6.48),得到 $X$ 矢量的 $2P$ 个分量。

$$X_{S+}(p) = \mathrm{e}^{\left\{ 2\pi i \left[ (\beta\Phi + f_D T)p - \frac{2R_0}{\lambda} \right] \right\}} \cdot \mathrm{e}^{+2\pi i\Phi} \cdot \cos(2\pi\Phi) \cdot \langle \Sigma | \Omega | \Sigma \rangle \tag{6.56}$$

$$X_{S-}(p) = \mathrm{e}^{\left\{ 2\pi i \left[ (\beta\Phi + f_D T)p - \frac{2R_0}{\lambda} \right] \right\}} \cdot \mathrm{e}^{-2\pi i\Phi} \cdot \cos(2\pi\Phi) \cdot \langle \Sigma | \Omega | \Sigma \rangle \tag{6.57}$$

使用 $X$ 矢量分量的模型,可以像之前一样计算式(6.52)中的项:

$$\sigma_N^2 \cdot \langle X_N^+ WW^+ X_N \rangle = 2P \cdot \sigma_N^2 \cdot [\cos(2\pi\Phi) \cdot \langle \Sigma | \Omega | \Sigma \rangle]^2 \tag{6.58}$$

$$A_S^2 \cdot X_S^+ WW^+ X_S = 4P^2 \cdot A_S^2 \cdot [\cos(2\pi\Phi) \cdot \langle \Sigma | \Omega | \Sigma \rangle]^2 \tag{6.59}$$

在式(6.52)中,信干噪比的表达式再次变为信噪比:

$$\mathrm{SIR} = \mathrm{SNR} = \frac{2P \cdot A_J^2}{\sigma_N^2} \tag{6.60}$$

将此结果与式(6.46)进行比较,可以看出,由于在检测过程中使用了两倍的数据,信噪比增加3dB。同时,导向矢量不是简单的多普勒滤波变换。式(6.53)中的导向矢量还包括天线指向角度,含在式(6.56)和式(6.57)中的第二个指数项中。在下面的章节中,这个指数项将更加重要。

现在,再次考虑多个假目标的情况。重复检测单元处的假设检验的完整表达式为

$$H_0 : X(H_0) = A_S X_S + \sigma_N X_N \tag{6.61}$$

$$H_1 : X(H_1) = A_J X_J + \sigma_N X_N \tag{6.62}$$

公式右侧的 $X$ 在第3章中给出,为了完整起见,在这里再次论述。假设 $2P$ 个噪声样本为(其中,$\eta$ 为随机相位,$k$ 为 $1 \sim 2P$ 的数)

$$X_N(k) = \exp(2\pi i \eta_k^N) \tag{6.63}$$

信号分量是 $P$ 对样本,其中变量是舰船的几何结构即

$$X_{S+}(p) = \exp[2\pi i(\beta\Phi + f_D T)p] \cdot \exp(2\pi i\Phi) \cdot S_+ \tag{6.64}$$

$$X_{S-}(p) = \exp[2\pi i(\beta\Phi + f_D T)p] \cdot \exp(-2\pi i\Phi) \cdot S_- \tag{6.65}$$

系数($S_+$ 和 $S_-$)由以下表达式给出:

$$S_+ = \cos(2\pi\Phi)[\langle\Sigma|\Omega|\Sigma\rangle + \langle\Delta|\Omega|\Sigma\rangle] +$$
$$\mathrm{i}\sin(2\pi\Phi)[\langle\Sigma|\Omega|\Delta\rangle + \langle\Delta|\Omega|\Delta\rangle] \tag{6.66}$$

$$S_- = \cos(2\pi\Phi)[\langle\Sigma|\Omega|\Sigma\rangle - \langle\Delta|\Omega|\Sigma\rangle] +$$
$$\mathrm{i}\sin(2\pi\Phi)[\langle\Sigma|\Omega|\Delta\rangle - \langle\Delta|\Omega|\Delta\rangle] \tag{6.67}$$

$$2S_+ = \exp(2\pi i\Phi) \cdot [\langle\Sigma|\Omega|\Sigma\rangle + \langle\Delta|\Omega|\Sigma\rangle + \langle\Sigma|\Omega|\Delta\rangle + \langle\Delta|\Omega|\Delta\rangle] +$$
$$\exp(-2\pi i\Phi)[\langle\Sigma|\Omega|\Sigma\rangle + \langle\Delta|\Omega|\Sigma\rangle - \langle\Sigma|\Omega|\Delta\rangle - \langle\Delta|\Omega|\Delta\rangle] \tag{6.68}$$

$$2S_- = \exp(2\pi i\Phi) \cdot [\langle\Sigma|\Omega|\Sigma\rangle - \langle\Delta|\Omega|\Sigma\rangle + \langle\Sigma|\Omega|\Delta\rangle - \langle\Delta|\Omega|\Delta\rangle] +$$
$$\exp(-2\pi i\Phi)[\langle\Sigma|\Omega|\Sigma\rangle - \langle\Delta|\Omega|\Sigma\rangle - \langle\Sigma|\Omega|\Delta\rangle + \langle\Delta|\Omega|\Delta\rangle] \tag{6.69}$$

值得注意的是,表达式的基本形式与通过空时自适应处理技术处理的侧视合成孔径雷达数据的基本形式相同。参考文献[1-5]研究了这些技术,他们对两个接收机和近前视雷达的情况进行了探索[1-5]。当一般的空时自适应处理降低到两个通道,且近前视时,平台速度增加会提高检测性能。海军研究实验室注意到,这些正是适用于现代反舰导弹场景的条件[6]。

干扰样本同样是 $P$ 对样本,其中的几何变量为

$$X_{J+}(p) = \exp[2\pi i(\beta\Phi + f_D T)p] \cdot \exp(2\pi i\Phi) \cdot J_+ \tag{6.70}$$

$$X_{J-}(p) = \exp[2\pi i(\beta\Phi + f_D T)p] \cdot \exp(-2\pi i\Phi) \cdot J_- \tag{6.71}$$

系数($J_+$ 和 $J_-$)由以下表达式给出:

$$J_+ = \cos(2\pi\Phi)[\langle\Sigma|J\rangle\langle J|\Sigma\rangle + \langle\Delta|J\rangle\langle J|\Sigma\rangle] +$$
$$\mathrm{i}\sin(2\pi\Phi)[\langle\Sigma|J\rangle\langle J|\Delta\rangle + \langle\Delta|J\rangle\langle J|\Delta\rangle] \tag{6.72}$$

$$J_- = \cos(2\pi\Phi)[\langle\Sigma|J\rangle\langle J|\Sigma\rangle - \langle\Delta|J\rangle\langle J|\Sigma\rangle] +$$
$$\mathrm{i}\sin(2\pi\Phi)[\langle\Sigma|J\rangle\langle J|\Delta\rangle - \langle\Delta|J\rangle\langle J|\Delta\rangle] \tag{6.73}$$

$$2J_+ = \exp(2\pi i\Phi)[\langle\Sigma|J\rangle\langle J|\Sigma\rangle + \langle\Delta|J\rangle\langle J|\Sigma\rangle + \langle\Sigma|J\rangle\langle J|\Delta\rangle +$$
$$\langle\Delta|J\rangle\langle J|\Delta\rangle] + \exp(-2\pi i\Phi)[\langle\Sigma|J\rangle\langle J|\Sigma\rangle +$$
$$\langle\Delta|J\rangle\langle J|\Sigma\rangle - \langle\Sigma|J\rangle\langle J|\Delta\rangle - \langle\Delta|J\rangle\langle J|\Delta\rangle] \tag{6.74}$$

$$2J_- = \exp(2\pi i\Phi)[\langle\Sigma|J\rangle\langle J|\Sigma\rangle - \langle\Delta|J\rangle\langle J|\Sigma\rangle + \langle\Sigma|J\rangle\langle J|\Delta\rangle -$$

$$\langle\Delta|J\rangle\langle J|\Delta\rangle] + \exp(-2\pi i\Phi)[\langle\Sigma|J\rangle\langle J|\Sigma\rangle -$$

$$\langle\Delta|J\rangle\langle J|\Sigma\rangle - \langle\Sigma|J\rangle\langle J|\Delta\rangle + \langle\Delta|J\rangle\langle J|\Delta\rangle] \tag{6.75}$$

**相关函数方法**

之前参考和讨论的中国参考文献提出了一种检查目标对之间的相关性的方法。考虑来自同一电子攻击系统的两个不同假目标之间的相关性。

$$\langle X_{H_1}^+ X'_{H_1}\rangle = PA_J^2(|J_+^2| + |J_-^2|) \tag{6.76}$$

假设式(6.65)和式(6.66)中的第一项占主导,近似为

$$\langle X_{H_1}^+ X'_{H_1}\rangle = 2PA_J^2 K_J \cos^2(2\pi\Phi_J) \tag{6.77}$$

对该表达式进行归一化处理,发现所有假目标都来自同一方向(角度 $\Phi$),相关系数等于1。

$$\frac{\langle X_{H_1}^+ X'_{H_1}\rangle}{\sqrt{\langle X'^+_{H_1} X'_{H_1}\rangle \cdot \langle X_{H_1}^+ X_{H_1}\rangle}} = 1 \tag{6.78}$$

如果其中一个目标是舰船(被检测单元中没有假目标)

$$\langle X_{H_0}^+ X'_{H_1}\rangle = PA_J A_S \text{sinc}[\pi\beta(\Phi_S - \Phi_J)P]\{J_+^* S_+ \exp[2\pi i(\Phi_S - \Phi_J)] +$$

$$J_-^* S_- \exp[-2\pi i(\Phi_S - \Phi_J)]\} \tag{6.79}$$

使用 $J$ 项和 $S$ 项的主项,近似得到:

$$\langle X_{H_0}^+ X'_{H_1}\rangle = 2PA_J A_S \text{sinc}[\pi\beta(\Phi_S - \Phi_J)P]\sqrt{K_J K_S} \cdot \cos[2\pi(\Phi_S - \Phi_J)] \tag{6.80}$$

假设假目标与真实目标的大小大致相同,并且当电子攻击系统不在目标平台上时,规范化此表达式会给出小于1的值。真目标和假目标之间相关性的完整表达式为

$$C =$$

$$\frac{\text{sinc}(\pi\beta[\Phi_S - \Phi_J]P)\{J_+^* S_+ \exp[2\pi i(\Phi_S - \Phi_J)] + J_-^* S_- \exp[-2\pi i(\Phi_S - \Phi_J)]\}}{\sqrt{(|J_+^2| + |J_-^2|)(|S_+^2| + |S_-^2|)}}$$

$$\tag{6.81}$$

再次使用主项,假设角度很小,可以得到:

$$C \approx \text{sinc}(\pi\beta[\Phi_S - \Phi_J]P) \tag{6.82}$$

在第3章中有如下公式:

$$\Phi = \frac{d}{2\lambda} \cdot \sin(\Psi) \tag{6.83}$$

$$\beta = \frac{-4v_T \sin\gamma}{\lambda} \tag{6.84}$$

因此,假目标和真目标之间的相关性近似为

$$C \approx \mathrm{sinc}\left(2\pi\frac{v_{\mathrm{T}}d}{\lambda^2}\left[\Psi_{\mathrm{S}}-\Psi_{\mathrm{J}}\right]P\right) \tag{6.85}$$

前面讨论了一种替代方法。在参考文献[2－3]中,作者在给定反舰导弹天线方向图的情况下求解了极化琼斯矢量(注:如果目标所在的单元格中存在假目标,则说明叠加表达式更复杂,但更容易处理)。根据作者的推测,即使在电子攻击与舰船角度相同时,该算法同样有效。参考文献比较了几种类似的算法。

此外,值得注意的是,与图6.1相比,图6.8所示的简单系统更容易收集 $X$ 数据向量。在这种新的配置中,不需要天线混合,因为 U 和 L 天线输出对应于之前 $\Sigma$ 通道和 $\Delta$ 通道的加减结果。此外,值得注意的是,两个接收机中的数据在电平和其他特性上比以前的传感器配置更相似。所有这些都使导引头的硬件系统更高效、更容易实现。

## 6.3　压制干扰电子防护

现在考虑更严重的压制或噪声干扰。同样,可以更容易地从图6.8所示的简单系统中收集 $X$ 数据向量。假设检验在距离检测单元处的完整表达式为(为简单起见,在本章的其余部分中,省略噪声电平 $\sigma_{\mathrm{N}}$ 的下标 N)

$$H_0 : X(H_0) = A_{\mathrm{S}}X_{\mathrm{S}} + A_{\mathrm{J}}X_{\mathrm{J}} + \sigma X_{\mathrm{N}} \tag{6.86}$$

$$H_1 : X(H_1) = A_{\mathrm{J}}X_{\mathrm{J}} + \sigma X_{\mathrm{N}} \tag{6.87}$$

发射 $P$ 个脉冲后,将一个距离单元的两个接收通道的数据组合成一个数据向量。上面给出了右侧的 $X$,为了完整起见,在这里重复。$2P$ 个噪声的 $X$ 样本为(其中 $k$ 是项的编号:$k = 1 \sim 2P$)

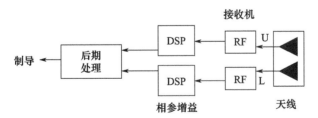

图 6.8　现代反舰导弹传感器组成

$$X_{\mathrm{N}}(k) = \exp(2\pi\mathrm{i}\eta_k^{\mathrm{N}}) \tag{6.88}$$

信号样本为 $P$ 对样本,其中变量 $f_{\mathrm{D}}$ 和 $\Phi$ 表征舰船的几何属性($P$ 表示脉冲数和矢量分量对)

$$X_{S+}(p) = \exp\left[2\pi\mathrm{i}(\beta\Phi + f_{\mathrm{D}}T)p\right] \cdot \exp(2\pi\mathrm{i}\Phi) \cdot S_+ \tag{6.89}$$

$$X_{S_-}(p) = \exp[2\pi i(\beta\Phi + f_D T)p] \cdot \exp(-2\pi i\Phi) \cdot S_- \tag{6.90}$$

如前所述，$S$ 系数为

$$S_+ = \cos(2\pi\Phi)[\langle\Sigma|\Omega|\Sigma\rangle + \langle\Delta|\Omega|\Sigma\rangle] + i\sin(2\pi\Phi)[\langle\Sigma|\Omega|\Delta\rangle + \langle\Delta|\Omega|\Delta\rangle] \tag{6.91}$$

$$S_- = \cos(2\pi\Phi)[\langle\Sigma|\Omega|\Sigma\rangle - \langle\Delta|\Omega|\Sigma\rangle] + i\sin(2\pi\Phi)[\langle\Sigma|\Omega|\Delta\rangle - \langle\Delta|\Omega|\Delta\rangle] \tag{6.92}$$

$$2S_+ = \exp(2\pi i\Phi) \cdot [\langle\Sigma|\Omega|\Sigma\rangle + \langle\Delta|\Omega|\Sigma\rangle + \langle\Sigma|\Omega|\Delta\rangle + \langle\Delta|\Omega|\Delta\rangle] + \exp(-2\pi i\Phi)[\langle\Sigma|\Omega|\Sigma\rangle + \langle\Delta|\Omega|\Sigma\rangle - \langle\Sigma|\Omega|\Delta\rangle - \langle\Delta|\Omega|\Delta\rangle] \tag{6.93}$$

$$2S_- = \exp(2\pi i\Phi) \cdot [\langle\Sigma|\Omega|\Sigma\rangle - \langle\Delta|\Omega|\Sigma\rangle + \langle\Sigma|\Omega|\Delta\rangle - \langle\Delta|\Omega|\Delta\rangle] + \exp(-2\pi i\Phi)[\langle\Sigma|\Omega|\Sigma\rangle - \langle\Delta|\Omega|\Sigma\rangle - \langle\Sigma|\Omega|\Delta\rangle + \langle\Delta|\Omega|\Delta\rangle] \tag{6.94}$$

干扰样本也是 $P$ 对样本，其中变量 $\Phi$ 表征干扰平台的几何属性即

$$X_{J_+}(p) = \exp[2\pi i(\beta\Phi p + i\eta_p^J)] \cdot \exp(2\pi i\Phi) \cdot J_+ \tag{6.95}$$

$$X_{J_-}(p) = \exp[2\pi i(\beta\Phi p + i\eta_p^J)] \cdot \exp(-2\pi i\Phi) \cdot J_- \tag{6.96}$$

系数 $J$ 由如下公式给出：

$$J_+ = \cos(2\pi\Phi)[\langle\Sigma|J\rangle\langle J|\Sigma\rangle + \langle\Delta|J\rangle\langle J|\Sigma\rangle] + i\sin(2\pi\Phi)[\langle\Sigma|J\rangle\langle J|\Delta\rangle + \langle\Delta|J\rangle\langle J|\Delta\rangle] \tag{6.97}$$

$$J_- = \cos(2\pi\Phi)[\langle\Sigma|J\rangle\langle J|\Sigma\rangle - \langle\Delta|J\rangle\langle J|\Sigma\rangle] + i\sin(2\pi\Phi)[\langle\Sigma|J\rangle\langle J|\Delta\rangle - \langle\Delta|J\rangle\langle J|\Delta\rangle] \tag{6.98}$$

$$2J_+ = \exp(2\pi i\Phi)[\langle\Sigma|J\rangle\langle J|\Sigma\rangle + \langle\Delta|J\rangle\langle J|\Sigma\rangle + \langle\Sigma|J\rangle\langle J|\Delta\rangle + \langle\Delta|J\rangle\langle J|\Delta\rangle] + \exp(-2\pi i\Phi)[\langle\Sigma|J\rangle\langle J|\Sigma\rangle + \langle\Delta|J\rangle\langle J|\Sigma\rangle - \langle\Sigma|J\rangle\langle J|\Delta\rangle - \langle\Delta|J\rangle\langle J|\Delta\rangle] \tag{6.99}$$

$$2J_- = \exp(2\pi i\Phi)[\langle\Sigma|J\rangle\langle J|\Sigma\rangle - \langle\Delta|J\rangle\langle J|\Sigma\rangle + \langle\Sigma|J\rangle\langle J|\Delta\rangle - \langle\Delta|J\rangle\langle J|\Delta\rangle] + \exp(-2\pi i\Phi)[\langle\Sigma|J\rangle\langle J|\Sigma\rangle - \langle\Delta|J\rangle\langle J|\Sigma\rangle - \langle\Sigma|J\rangle\langle J|\Delta\rangle + \langle\Delta|J\rangle\langle J|\Delta\rangle] \tag{6.100}$$

正如之前总结的，在经典的脉冲多普勒处理中，导向矢量只是各种多普勒滤波器。这一结果在前一节中已经给出，与在白噪声中检测舰船目标或假目标信号的假设相对应。也就是说，当没有压制电子攻击时，干扰是高斯白噪声。

在这里，式(6.86)和式(6.87)的假设都包含非白干扰项。首选的方法是通过标准检测理论和标准空时自适应处理中的白化导向矢量 $W$ 来处理这些信号[5-6]。定义公式(6.86)和式(6.87)中的假设检验的测量 $Z$ 为

$$Z = W^+ X_H \tag{6.101}$$

如果 $H_1$ 为真，则测量结果为噪声加上电子攻击干扰；如果 $H_0$ 为真，则测量结果是信号加噪声和干扰。信干噪比定义为信号幅度平方除以噪声加干扰的和，信干噪比为

$$\mathrm{SIR} = \frac{A_\mathrm{S}^2 \cdot \boldsymbol{X}_\mathrm{S}^+ \boldsymbol{W} \boldsymbol{W}^+ \boldsymbol{X}_\mathrm{S}}{\langle \boldsymbol{X}_{H_1}^+ \boldsymbol{W} \boldsymbol{W}^+ \boldsymbol{X}_{H_1} \rangle} \tag{6.102}$$

假设与上述结果类似。此表达式中的 $X$ 将在后面定义。最优导向矢量的形式为

$$\boldsymbol{W} = k \boldsymbol{M}^{-1} \boldsymbol{X} \tag{6.103}$$

如前所述,矩阵 $\boldsymbol{M}$ 为干扰加噪声平方的期望值,即式(6.102)中的分母:

$$\boldsymbol{M} = \langle (A_\mathrm{J} \boldsymbol{X}_\mathrm{J} + \sigma \boldsymbol{X}_\mathrm{N})(A_\mathrm{J} \boldsymbol{X}_\mathrm{J} + \sigma \boldsymbol{X}_\mathrm{N})^+ \rangle \tag{6.104}$$

利用 $\boldsymbol{X}_\mathrm{J}$ 和 $\boldsymbol{X}_\mathrm{N}$ 的表达式,可以计算出 $2P \times 2P$ 矩阵 $\boldsymbol{M}$。除沿对角线的 $2 \times 2$ 矩阵 $\boldsymbol{H}$ 外,其余项均为零。矩阵 $\boldsymbol{H}$ 为

$$\boldsymbol{H} = \begin{bmatrix} (A_\mathrm{J}^2 |\boldsymbol{J}_+^2| + \sigma^2) & A_\mathrm{J}^2 \exp(2\pi\mathrm{i} \cdot 2\Phi_\mathrm{J}) \boldsymbol{J}_+ \boldsymbol{J}_-^* \\ A_\mathrm{J}^2 \exp(-2\pi\mathrm{i} \cdot 2\Phi_\mathrm{J}) \boldsymbol{J}_+^* \boldsymbol{J}_- & (A_\mathrm{J}^2 |\boldsymbol{J}_-^2| + \sigma^2) \end{bmatrix} \tag{6.105}$$

同样,$\boldsymbol{M}$ 的逆,除了沿对角线的 $2 \times 2$ 矩阵外,其余项都是零。该子阵是 $\boldsymbol{H}$ 的逆矩阵:

$$\boldsymbol{H}^{-1} = \begin{bmatrix} (A_\mathrm{J}^2 |\boldsymbol{J}_-^2| + \sigma^2) & -A_\mathrm{J}^2 \exp(2\pi\mathrm{i} \cdot 2\Phi_\mathrm{J}) \boldsymbol{J}_+ \boldsymbol{J}_-^* \\ -A_\mathrm{J}^2 \exp(-2\pi\mathrm{i} \cdot 2\Phi_\mathrm{J}) \boldsymbol{J}_+^* \boldsymbol{J}_- & (A_\mathrm{J}^2 |\boldsymbol{J}_+^2| + \sigma^2) \end{bmatrix} \cdot$$
$$[\sigma^2 \cdot (A_\mathrm{J}^2 \{ |\boldsymbol{J}_+^2| + |\boldsymbol{J}_-^2| \} + \sigma^2)] \tag{6.106}$$

### 1. 使用干扰导向滤波器的检测

回到式(6.103),并寻找选择干扰平台的导向矢量 $\boldsymbol{W}$。也就是说,用 $X_\mathrm{J}$ 代替式(6.103)中的 $\boldsymbol{X}$ 矢量。在这一点上,利用 $\boldsymbol{M}$ 的定义可以缩短计算时间。使用干扰导向滤波器以及式(6.104)和式(6.106),假设 $W_+ = J_+$,且 $W_- = J_-$,并暂时保留任意角度。

$$\boldsymbol{W} = k \boldsymbol{M}^{-1} \boldsymbol{X} \tag{6.107}$$

$$\boldsymbol{X}_+(p) = \exp[2\pi\mathrm{i}(\beta \Phi_\mathrm{W} p)] \cdot \exp(2\pi\mathrm{i} \Phi_\mathrm{W}) \cdot \boldsymbol{J}_+ \tag{6.108}$$

$$\boldsymbol{X}_-(p) = \exp[2\pi\mathrm{i}(\beta \Phi_\mathrm{W} p)] \cdot \exp(-2\pi\mathrm{i} \Phi_\mathrm{W}) \cdot \boldsymbol{J}_- \tag{6.109}$$

处理干扰项(或假设 $H_1$ 为真)可得出具有以下特性的测量值:

$$Z_I = k[\boldsymbol{X}^+ \boldsymbol{M}^{-1}(A_\mathrm{J} \boldsymbol{X}_\mathrm{J} + \sigma \boldsymbol{X}_\mathrm{N})] \tag{6.110}$$

$$\langle Z_I \rangle = 0 \tag{6.111}$$

$$\langle Z_I^* Z_I \rangle = \frac{k^2 P[4A_\mathrm{J}^2 |\boldsymbol{J}_+^2| |\boldsymbol{J}_-^2| \sin^2[2\pi(\Phi_\mathrm{J} - \Phi_\mathrm{W})] + \sigma^2 \{ |\boldsymbol{J}_+^2| + |\boldsymbol{J}_-^2| \}]}{\sigma^2 (A_\mathrm{J}^2 \{ |\boldsymbol{J}_+^2| + |\boldsymbol{J}_-^2| \} + \sigma^2)} \tag{6.112}$$

注意到,由于定义 $\boldsymbol{M}$ 为空时自适应处理的期望结果,在干扰角处(当 $\Phi_\mathrm{W} = \Phi_\mathrm{J}$)的干扰得到缓解。现在,当 $H_0$ 为真时,检查向量的舰船回波部分,即

$$Z_\mathrm{S} = \frac{k A_\mathrm{S} P[Q]}{\sigma^2 [A_\mathrm{J}^2 (|\boldsymbol{J}_+^2| + |\boldsymbol{J}_-^2|) + \sigma^2]} \tag{6.113}$$

$$[Q] = \exp 2\pi i (\Phi_S - \Phi_W)(A_J^2|J_-^2| + \sigma^2)S_+J_+^* + \exp[-2\pi i(\Phi_S - \Phi_W)]$$
$$(A_J^2|J_+^2| + \sigma^2)S_-J_-^* - A_J^2|J_-^2|S_+J_+^*\exp[2\pi i(\Phi_S + \Phi_W - 2\Phi_J)] +$$
$$|J_+^2|S_-J_-^*\exp[-2\pi i(\Phi_S + \Phi_W - 2\Phi_J)] \tag{6.114}$$

现在考虑这些表达式的两个特殊情况。

当 $\Phi_W = \Phi_J$ 时:

采用与自适应置零的导向天线处理相同的方式消除压制干扰:

$$\langle Z_I^* Z_I \rangle = \frac{k^2 P[\,|J_+^2| + |J_-^2|\,]}{(A_J^2\{|J_+^2| + |J_-^2|\} + \sigma^2)} \tag{6.115}$$

$$Z_S = \frac{kA_S P[Q]}{(A_J^2\{|J_+^2| + |J_-^2|\} + \sigma^2)} \tag{6.116}$$

$$[Q] = \exp 2\pi i(\Phi_S - \Phi_J)S_+J_+^* + \exp[-2\pi i(\Phi_S - \Phi_J)S_-J_-^*] \tag{6.117}$$

因此,当在干扰平台角度方向时,这两项都非常小。

当 $\Phi_W = \Phi_S$ 时:

现在考虑适应干扰信号的导向矢量,但指向目标船。在这种情况下:

$$\langle Z_I^* Z_I \rangle = \frac{k^2 P[4A_J^2|J_+^2||J_-^2|\sin^2[2\pi(\Phi_J - \Phi_S)] + \sigma^2\{|J_+^2| + |J_-^2|\}]}{\sigma^2(A_J^2\{|J_+^2| + |J_-^2|\} + \sigma^2)} \tag{6.118}$$

$$Z_S = \frac{kA_S P[Q]}{\sigma^2(A_J^2\{|J_+^2| + |J_-^2|\} + \sigma^2)} \tag{6.119}$$

$$[Q] = \sigma^2(S_+J_+^* + S_-J_-^*) + 2A_J^2[(|J_-^2|S_+J_+^* + |J_+^2|S_-J_-^*)\sin^2 2\pi(\Phi_S - \Phi_J) -$$
$$i(|J_-^2|S_+J_+^* - |J_+^2|S_-J_-^*)\sin 2\pi(\Phi_S - \Phi_J)\cos 2\pi(\Phi_S - \Phi_J)] \tag{6.120}$$

这两种情况的表达式与之前的结果相似,只是现在电子攻击得到了更显著的缓解。

当 $\Phi_W = \Phi_S$,且只有主项时:

为了更清楚地看到这个结果,假设天线项的表达式只使用主项。大部分的项可以在定义时合并到幅度中。特别是在干扰强度很大的情况下,表达式被大大简化。存在高强度的压制干扰时:

$$\langle Z_I^* Z_I \rangle = \frac{2k^2 P \sin^2[2\pi(\Phi_J - \Phi_S)]}{\sigma^2} \tag{6.121}$$

$$Z_S = \frac{2kA_S P \sin^2[2\pi(\Phi_S - \Phi_J)]}{\sigma^2} \tag{6.122}$$

$$\text{SIR} = \frac{2A_S^2 P \sin^2[2\pi(\Phi_S - \Phi_J)]}{\sigma^2} \tag{6.123}$$

$$\mathrm{SIR} \approx \frac{2A_S^2 P\left[2\pi(\Phi_S - \Phi_J)\right]^2}{\sigma^2} = \mathrm{SNR} \cdot \left[2\pi(\Phi_S - \Phi_J)\right]^2 \qquad (6.124)$$

这些结果与 6.1 节的式(6.35)中的结果非常相似。信干噪比正比于信噪比。这里的信噪比比前面的 $\Sigma$ 通道信噪比高 3dB。信干噪比正比于舰船目标和电子攻击平台之间的夹角。

**2. 目标导向滤波器与经典检测**

再考虑一下经典检测方式。对被检测单元的假设检验的完整表达式为

$$H_0 : X(H_0) = A_S \boldsymbol{X}_S + A_J \boldsymbol{X}_J + \sigma \boldsymbol{X}_N \qquad (6.125)$$

$$H_1 : X(H_1) = A_J \boldsymbol{X}_J + \sigma \boldsymbol{X}_N \qquad (6.126)$$

再次,利用 $\boldsymbol{M}$ 的定义降低计算量。假设使用最佳导向矢量进行最佳目标检测:$\boldsymbol{W}^+ = \boldsymbol{S}_+$ 和 $\boldsymbol{W}^- = \boldsymbol{S}_-$,并使用多普勒值和角度作为目标对应的导向矢量($f_D$ 和 $\Phi_S$)。

$$Z = \boldsymbol{W}^+ \boldsymbol{X}_H \qquad (6.127)$$

$$\boldsymbol{W} = k \boldsymbol{M}^{-1} \boldsymbol{X}_S \qquad (6.128)$$

$$\boldsymbol{X}_{S+}(p) = \exp\left[2\pi\mathrm{i}(\beta\Phi_S + f_D T)p\right] \cdot \exp(2\pi\mathrm{i}\Phi_S) \cdot \boldsymbol{S}_+ \qquad (6.129)$$

$$\boldsymbol{X}_{S-}(p) = \exp\left[2\pi\mathrm{i}(\beta\Phi_S + f_D T)p\right] \cdot \exp(-2\pi\mathrm{i}\Phi_S) \cdot \boldsymbol{S}_- \qquad (6.130)$$

假设 $H_1$ 为真时,定义:

$$Z_1 = k\left[\boldsymbol{X}_S^+ \boldsymbol{M}^{-1}(A_J \boldsymbol{X}_J + \sigma \boldsymbol{X}_N)\right] \qquad (6.131)$$

$$\langle Z_1 \rangle = 0 \qquad (6.132)$$

$$\mathrm{Variance}_1 = \langle Z_1^* Z_1 \rangle = k^2 \boldsymbol{X}_S^+ \boldsymbol{M}^{-1} \boldsymbol{X}_S \qquad (6.133)$$

$$
\begin{aligned}
\langle Z_1^* Z_1 \rangle = & \left\{ \sigma^2 \left[ A_J^2 (|\boldsymbol{J}_+^2| + |\boldsymbol{J}_-^2|) + \sigma^2 \right] \right\}^{-1} \cdot \\
& \{ k^2 P [\boldsymbol{J}^2 \{ (|\boldsymbol{S}_+^2||\boldsymbol{J}_-^2| + |\boldsymbol{S}_-^2||\boldsymbol{J}_+^2|) - \\
& (\boldsymbol{S}_+^* \boldsymbol{S}_- \boldsymbol{J}_+ \boldsymbol{J}_-^*) \exp 2\pi\mathrm{i}2(\Phi_J - \Phi_S) + \\
& (\boldsymbol{S}_-^* \boldsymbol{S}_+ \boldsymbol{J}_- \boldsymbol{J}_+^*) \exp[-2\pi\mathrm{i}2(\Phi_J - \Phi_S)] \} ] + \sigma^2 (|\boldsymbol{J}_+^2| + |\boldsymbol{J}_-^2|) ] \}
\end{aligned}
$$

$$(6.134)$$

请注意,在仅包含电子攻击的距离单元格中,此度量值的期望值为零。也就是说,在不包含高价值目标的距离单元中,测量的预期值为零。该测量的方差由式(6.133)和式(6.134)给出。

当 $H_0$ 为真时,处理干扰部分,可得到同样的结果:

$$Z_I = k\left[\boldsymbol{X}_S^+ \boldsymbol{M}^{-1}(A_J \boldsymbol{X}_J + \sigma \boldsymbol{X}_N)\right] \qquad (6.135)$$

$$\langle Z_I \rangle = 0 \qquad (6.136)$$

$$\langle Z_I^* Z_I \rangle = k^2 \boldsymbol{X}_S^+ \boldsymbol{M}^{-1} \boldsymbol{X}_S \qquad (6.137)$$

$$\langle Z_1^* Z_1 \rangle = \{\sigma^2 [A_J^2 (|J_+^2| + |J_-^2|) + \sigma^2]\}^{-1} \cdot$$
$$\{k^2 P [A_J^2 \{(|S_+^2||J_-^2| + |S_-^2||J_+^2|) -$$
$$(S_+^* S_- J_+ J_-^* \exp 2\pi i2(\Phi_J - \Phi_S) -$$
$$(S_-^* S_+ J_- J_+^*) \exp[-2\pi i2(\Phi_J - \Phi_S)])\} + \sigma^2 (|J_+^2| + |J_-^2|)]\}$$

$$(6.138)$$

现在定义参数 $\Lambda$。回顾一下,对数似然比的方差是均方值的差除以干扰的方差,因此:

$$\Lambda = \frac{k^2 A_S^2 (X_S^+ M^{-1} X_S)^2}{\langle Z_1^* Z_1 \rangle} \tag{6.139}$$

$$\Lambda = \frac{A_S^2}{k^2} \langle Z_1^* Z_1 \rangle \tag{6.140}$$

$$\Lambda = \{\sigma^2 [A_J^2 (|J_+^2| + |J_-^2|) + \sigma^2]\}^{-1} \cdot$$
$$\{A_S^2 P [A_J^2 \{(|S_+^2||J_-^2| + |S_-^2||J_+^2|) -$$
$$(S_+^* S_- J_+ J_-^* \exp 2\pi i2(\Phi_J - \Phi_S) -$$
$$(S_-^* S_+ J_- J_+^*) \exp[-2\pi i2(\Phi_J - \Phi_S)])\} + \sigma^2 (|J_+^2| + |J_-^2|)]\}$$

$$(6.141)$$

假设 $H_0$ 为真时的剩余项为

$$Z_0 = k[X_S^+ M^{-1} (A_S X_S + A_J X_J + \sigma X_N)] \tag{6.142}$$

$$\langle Z_0 \rangle = k A_S X_S^+ M^{-1} X_S \tag{6.143}$$

$$\text{Variance}_0 = \langle Z_0^* Z_0 \rangle = k^2 X_S^+ M^{-1} X_S \tag{6.144}$$

该测量值与 $Z_1$ 的方差相同,但具有非零平均值。因此,假设其服从高斯统计,最佳检测为对数似然比,其中下标"d"表示 $H_0$ 或 $H_1$ 为真的 $X$ 数据。

$$\lambda_d = A_S X_S^+ M^{-1} X_d - \frac{\Lambda}{2} \tag{6.145}$$

$$\langle \lambda_0 \rangle = \frac{\Lambda}{2} \tag{6.146}$$

$$\langle \lambda_1 \rangle = -\frac{\Lambda}{2} \tag{6.147}$$

$$\text{Variance } \lambda_0 = \text{Variance } \lambda_1 = \Lambda = A_S^2 X_S^+ M^{-1} X_S \tag{6.148}$$

如前所述,对数似然比概率分布完全由 $\Lambda$ 的表达式定义。简化假设 $A_J$ 和 $A_S$ 的系数是主项,在强电子攻击(高干噪比或干信比)的情况下,可像以前一样简化表达式:

$$S_+ = S_- = \cos(2\pi \Phi_S) \langle \Sigma | \Omega | \Sigma \rangle \tag{6.149}$$

$$J_+ = J_- = \cos(2\pi \Phi_J) \langle \Sigma | J \rangle \langle J | \Sigma \rangle \tag{6.150}$$

因此,对于小角度,为了方便起见,将雷达截面积、反舰导弹和电子攻击的天线增益合并到 $A_{\mathrm{S}}$ 和 $A_{\mathrm{J}}$ 项中,得到:

$$\mathrm{SIR} = \Lambda = \frac{2A_{\mathrm{S}}^2 P\left[2A_{\mathrm{J}}^2 \sin^2 2\pi(\Phi_{\mathrm{J}} - \Phi_{\mathrm{S}}) + \sigma^2\right]}{\sigma^2(2A_{\mathrm{J}}^2 + \sigma^2)} \approx \frac{2A_{\mathrm{S}}^2 P \sin^2 2\pi(\Phi_{\mathrm{J}} - \Phi_{\mathrm{S}})}{\sigma^2} \approx$$

$$\frac{2A_{\mathrm{S}}^2 P\left[2\pi(\Phi_{\mathrm{J}} - \Phi_{\mathrm{S}})\right]^2}{\sigma^2} = \mathrm{SNR} \cdot \left[2\pi(\Phi_{\mathrm{S}} - \Phi_{\mathrm{J}})\right]^2 \qquad (6.151)$$

$$\mathrm{SIR} \approx \mathrm{SNR} \cdot \left[2\pi(\Phi_{\mathrm{S}} - \Phi_{\mathrm{J}})\right]^2 \qquad (6.152)$$

这也是由预白化匹配滤波器方法产生的信干噪比表达式。通过使用最佳预白化匹配滤波器或干扰滤波器,最佳检测方法将检测单元识别为纯干扰或干扰加上舰船目标。形成标量对数似然比,并根据对数似然比方差进行比较。

这种电子防护性能取决于整个 $2P$ 维阵列的基底信噪比(比 $\Sigma$ 通道信噪比大 3dB),以及船舶和电子攻击平台之间的角度差。此外,这个信噪比包含了来自脉冲压缩和多普勒处理的所有相参增益。只要反舰导弹接收机的动态范围足够大,不导致信号被破坏,并且两个目标都在主天线波束内,则电子防护的性能对干信比相对不敏感。

我们合并了不少内容,这些结论是基于 $X$ 的表达式与空时自适应处理的标准表达式相同而得到的。电子攻击(压制干扰或假目标)和高价值目标回波以 $2P$ 维矢量的形式表示:

$$\boldsymbol{X}_{\mathrm{S}+}(p) = \exp\left[2\pi\mathrm{i}(\beta\Phi_{\mathrm{S}} + f_{\mathrm{D}}T)p\right] \cdot \exp(2\pi\mathrm{i}\Phi_{\mathrm{S}}) \cdot \boldsymbol{S}_+ \qquad (6.153)$$

$$\boldsymbol{X}_{\mathrm{S}-}(p) = \exp\left[2\pi\mathrm{i}(\beta\Phi_{\mathrm{S}} + f_{\mathrm{D}}T)p\right] \cdot \exp(-2\pi\mathrm{i}\Phi_{\mathrm{S}}) \cdot \boldsymbol{S}_- \qquad (6.154)$$

$$\boldsymbol{X}_{\mathrm{J}+}(p) = \exp\left[2\pi\mathrm{i}(\beta\Phi_{\mathrm{J}}p + \eta_p^{\mathrm{J}})\right] \cdot \exp(2\pi\mathrm{i}\Phi_{\mathrm{J}}) \cdot \boldsymbol{J}_+ \qquad (6.155)$$

$$\boldsymbol{X}_{\mathrm{J}-}(p) = \exp\left[2\pi\mathrm{i}(\beta\Phi_{\mathrm{J}}p + \eta_p^{\mathrm{J}})\right] \cdot \exp(-2\pi\mathrm{i}\Phi_{\mathrm{J}}) \cdot \boldsymbol{J}_- \qquad (6.156)$$

定义了以下表达式:

$$\Phi = \frac{d}{2\lambda} \cdot \sin\Psi \qquad (6.157)$$

将其代入式(6.152),得到:

$$\mathrm{SIR} \approx \mathrm{SNR} \cdot \left[\pi\frac{d}{\lambda}(\Psi_{\mathrm{S}} - \Psi_{\mathrm{J}})\right]^2 \qquad (6.158)$$

使用天线波束宽度的近似值,可以将此表达式与式(6.35)中给出的近似值的结果进行比较,式中 $D$ 为天线的尺寸,$d$ 为两个子阵列($U$ 和 $L$)的距离。

$$B_W \approx \frac{0.9\lambda}{D} \qquad (6.159)$$

这种电子防护算法的关键在于反舰导弹的高速性和迂回机动,同时结合了两个接收机的全数据阵列的最佳数字信号处理。原本实施这种迂回机动是为了降低海军舰队动能防御的有效性,采用两个接收机是为了实现单脉冲处理。

文后的参考文献所述的最初目标是,在飞机平台上,限定两个接收机($\Sigma$ 通道和 $\Delta$ 通道)时,评估将空时自适应处理应用于近前视相比侧视雷达的性能降级程度。虽然空时自适应处理性能比最初的典型应用降级,但众所周知,随着平台速度的增加,空时自适应处理性能会逐步提高。参考文献中研究了近前视双通道合成孔径雷达空时自适应处理的性能降级,及其对于反舰导弹的应用,这成为了对电子攻击(如假目标,尤其是压制干扰)的一种天然的电子防护。

### 3. 仿真结果

利用 MathCad 对上述模型进行了简单的仿真。脉冲数($P$)设为 16,干信比设为 30dB。反舰导弹速度设定为 550m/s,同时,在仿真中,高价值船是一个具有常规多普勒值的简单点目标。场景对应 10 个样本,每个样本对应 3 个信噪比值,对应干扰源和高价值目标之间不同的角度间隔。20km 距离处船舶目标和电子攻击平台,0.5°的夹角对应约 175m 的横向距离。

$Z_1$ 的幅度是不包含目标舰船的单元中的压制噪声干扰水平。信干噪比的度量是包含舰船的单元与不包含舰船的多个单元之间的强度差异。取 10 个样本的平均值,计算信干噪比(用 dB 表示)

$$\text{SIR} = 10 \cdot \log\left[\frac{|Z_0 - Z_1|^2}{|Z_1|^2}\right] \tag{6.160}$$

仿真结果和上述信干噪比的近似理论值如图 6.9 所示,两者一致。仿真结果中的数据分散是因为每个数据点只有 10 个样本。针对不同的干信比或干噪比进行仿真。如预期,结果没有随干扰强度而变化。

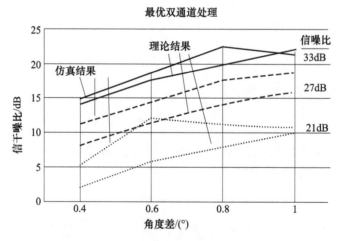

图 6.9　电子防护算法仿真结果和理论值图

图 6.10 中再次表示了此电子防护算法的理论结果。这些结果可直接与图 6.11 中绘制的单脉冲近似结果进行比较。回想一下,在 $\Sigma$ 通道阵列中执行检测处理时,相比在全阵列数据中执行检测而言,信噪比低 3dB。因此,两张图是按照同等的接收信噪比,以及相同的干扰平台与目标舰船之间的夹角来绘制的。

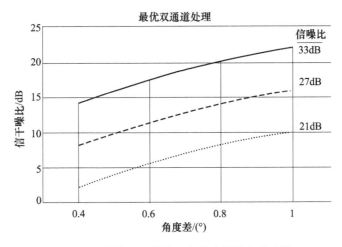

图 6.10　最优双通道处理电子防护算法理论值

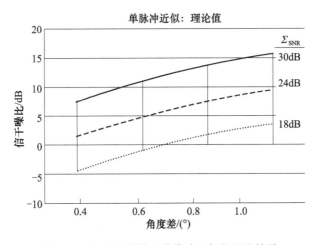

图 6.11　电子防护算法单脉冲近似的理论结果

　　将优化的双通道信号处理结果与单脉冲近似结果进行了比较,结果表明,优化后的处理性能得到了 6dB 的改善。详细的比较取决于实现细节。改进有一半是由于正确使用了完整的可用数据阵列。最优双通道技术不仅具有更好的性能,而且在硬件属性和整个信号处理上都能更有效地实现。

如前所述,这些结果可以通过额外的相参处理增益(即从脉冲压缩增益或额外多普勒增益获得更高的信噪比)得到进一步改善。任何处理增益都可以添加到图 6.10 和图 6.11 中的纵轴上。例如,脉冲压缩增益增加 100 会使纵轴值增加 10dB。或者等效地,如果目标对应较低的雷达横截面积,例如较新的隐身舰艇,这很容易通过更高的相参处理增益来抵消。

这些技术已应用于实际雷达模拟器的挂载试验数据,并被证明是有效的。硬件模拟器测试主要采用单脉冲近似技术,因为现场试验条件无法达到反舰导弹的典型速度(马赫数 1~3 或更多)。也就是说,由于平台速度较低(约 250knot),优化技术没有经过硬件现场试验检验。对单脉冲近似算法的测试表明,对于采用各种相参的双通道处理技术的反舰导弹,压制干扰基本无效。

## 6.4  小    结

本章介绍了减轻压制干扰和假目标干扰的电子防护简单模型,该模型用来阐明几个利用相参双通道接收机的电子防护方法;进而介绍了基于数学物理模型的目标回波、假目标干扰、压制干扰和接收机噪声的完整表达式。

多个中国出版物中详细介绍了多种相关方法,可以容易地识别多个虚假目标。对于与目标船成一定夹角的电子攻击平台,文献采用了各种天线极化技术来区分真正的目标。对于给出的与假目标有关的几个参数,美国海军已经利用雷达硬件模拟器,对其中一些技术进行了测试和验证。

压制或噪声干扰阻止反舰导弹获取目标船(高价值目标)的信息的一个非常有效的经典方法。反舰导弹处理器过去唯一的应对办法是只在角度上跟踪干扰源,直到发生烧穿。但如果在达到明显的角偏差后发生烧穿,则通常会使反舰导弹失效。

该经典结果基于反舰导弹处理器仅利用 $\Sigma$ 通道信息进行目标检测和识别。在中国研究人员发表的论文基础上,探索了单脉冲近似和优化的双接收处理技术。当 $\Sigma$ 通道数据完全被噪声干扰污染后,除含有高价值目标的单元外,单脉冲数据在所有距离 – 多普勒单元中都呈现出均匀一致的背景电平。含有高价值目标的单元很容易与背景区分开并易于检测。结果表明,基于角度差和信噪比可以检测、识别和跟踪高价值目标,并且对干信比不敏感。性能比值近似为(其中 $B_W$ 为反舰导弹天线波束宽度,SNR 为 $\Sigma$ 通道中的信噪比)

$$|\text{metric}| \approx |(\Psi_S - \Psi_J)^2| \cdot \frac{1.885^2}{B_W^2} \cdot \text{SNR} \qquad (6.161)$$

另一种方法是使用预白的导向矢量,并执行类似于标准空时自适应的处理,从而利用完整的数据阵列。该算法还利用了最初实现的为降低动能防御武器的火力控制性能而采用的高速迂回机动。同样,这些技术会使压制干扰无效。性能为(其中,SNR 为全双通道信噪比,因此比前一公式中的信噪比大 3dB)

$$\mathrm{SIR} \approx \mathrm{SNR} \cdot \left[ 2\pi(\Phi_\mathrm{S} - \Phi_\mathrm{J}) \right]^2 \tag{6.162}$$

这些技术比单脉冲至少有效约 6dB,并且随着接收机处理增益的增加,性能可以显著提高。实现这类算法还可以使导引头的硬件配置更简单,并使并行使用的雷达接收机更加一致。

综上所述,对于反舰导弹相参雷达,采用优化的双接收机处理电子防护技术可使压制干扰基本上无效。这些技术正被很多反舰导弹工程人员积极采用。

## 参考文献

[1] Wang, H., et al., "An Improved and Affordable Space – Time Adaptive Processing Approach," 1996 *CIE International Conference of Radar Proceedings*, Bejing, China, October 8 – 10, 1996, pp. 72 – 77.

[2] Wang, H., and Y. Zhang, "Further Results of $\Sigma\Delta$ – STAP Approach to Airborne Surveillance Radars," 1997 *IEEE National Radar Conference*, Syracuse, NY, May 13 – 15, 1997, pp. 337 – 342.

[3] Wang, H., "STAP for Clutter Suppression with Sum and Difference Beams," *IEEE Trans. on Aerospace and Electronic Systems*, Vol. 36, No. 2, April 2000, pp. 634 – 646.

[4] Wang, H., et al., "$\Sigma\Delta$ – STAP: An Efficient Affordable Approach for Clutter Suppression," In *Applications of Space – Time Adaptive Processing*, R. Klemm (ed.), London: The Institute of Engineering and Technology, 2004, pp. 123 – 148.

[5] Guerci, J., *Space – Time Adaptive Processing for Radar*, Norwood, MA: Artech House, 2003.

[6] Genova, J., "Coherent Seeker Guided Antiship Missile Performance Analysis," NRL/FR/5760 – 05 – 10,090, Naval Research Laboratory, Washington, DC, January 28, 2005.

# 第7章

# 自适应电子战

本书中的示例是以海军舰队受到自主制导反舰导弹的波次攻击为背景的。在这种情况下，为使舰队保持高存活率和足够的驻留时间，仅靠动能防御武器是不够的。在第1章中指出舰队作战人员在分析歼灭概率的基础上，应选择最优的防御武器组合。分析所需的输入包括舰队可用的各种武器和可能面临的威胁，以及收集武器组合对每个威胁的效能的先验概率。这些先验概率来自广泛的试验和情报收集。

随着战斗的进行，必须实时估计效能的后验概率，以取代先验概率。这些概率决定了武器在特定时刻的杀伤效果。这些因素是保护舰队实现最佳存活概率和最长停留时间所必须考虑的。无论何时使用武器，都必须评估其有效性，以确定是否需要替代行动以确保最大存活概率。

同时，自主反舰导弹必须了解舰队的防御措施并作出相应反应。当需要信息来引导反舰导弹到适当的目标时，反舰导弹传感器被激活。传感器必须检测目标并评估舰队使用的防御行动。反舰导弹传感器必须选择最佳的波形和处理，以快速准确地确定哪个回波代表期望的目标。所有这些战术决定（无论对舰队作战人员还是对反舰导弹）都必须由计算机辅助或自动完成，这是由接收的信息量和战斗事件的快速性所决定的。

设计防御武器（动能武器和非动能武器）、计算有效概率，以及规定作战战术需要了解反舰导弹传感器的能力和反舰导弹传感器信号处理算法。反舰导弹雷达传感器利用现代技术和低截获概率技术，可以容易地检测和跟踪海军目标。现代电子战是一种以目标识别或分类为主要任务的信息战[1]。

在过去，电子攻击的目标是利用反舰导弹导引头中的已知缺陷，现代电子攻击（非动能武器）的目标是对抗导引头对目标的分类。这个信息战必须基于一般的物理特性，而不是反舰导弹中的特定硬件缺陷。特别地，目标是使反舰导弹传感器无法获得需要的目标分类特征信息，或/和给反舰导弹传感器一个或多个逼真的虚假目标或诱饵特征信息。反舰导弹传感器采用快速高效的信号处理算法，以选择正确的目标。在电子战中，为了免受舰队电子攻击技术的影响，反舰导弹传感器采用了各种电子防护算法。

在本书前面的章节中,已经描述了几种反舰导弹传感器的电子防护技术,这些技术在受到电子攻击时能正确地分类舰船目标。在描述这些电子防护信号处理技术时,电子战作为信息战的哲学方向变得更加清晰。此外,酌情介绍了几个潜在的现代电子攻击措施。第 2 章和第 3 章建立了可反映反舰导弹雷达传感器基本特性的简单模型,用于说明几种新的电子防护算法。通过该模型能够定量地理解电子防护信号处理算法。该模型有助于工程师直观理解这些数字信号处理算法。

第 4 章介绍了反舰导弹传感器如何利用雷达散射截面积及其若干统计量,包括均值、方差和相关函数。其中的电子防护技术包括利用单脉冲比统计量来获取目标雷达散射截面有价值的特征。高价值目标的雷达散射截面特性源自它是由多个散射单元组成的面目标。现代反舰导弹传感器处理器容易区分常规的电子攻击技术,包括基于数字射频存储的主动电子攻击,以及无源反射器诱饵和箔条。电子攻击技术通常不能适当地复制反舰导弹传感器能够快速测量的目标特征。第 4 章还介绍了舰队电子攻击系统如何利用双相参系统,如交叉极化干扰,以模拟诸如海军舰船的复杂面目标的一些特征。

第 5 章描述了利用现代射频技术实现的几种新的低截获概率波形。这些波形完全能够提供标准的反舰导弹制导测量,同时增强反舰导弹的电子防护能力。特别值得注意的是,其中的一些波形是为增强高价值目标的分类特性而专门设计的。在某种意义上,这些波形是以获取目标的分类信息为目的,从而增强了雷达传感器的电子防护特性。这再次表明雷达导引头正在从开发硬件性能向加强目标分类转变。

现代反舰导弹已经利用多个相参传感器信道来进行单脉冲测量处理,并且能够按照迂回轨迹飞行,包括高加速度转弯,以降低动能武器火控算法的拦截性能。第 6 章介绍了现有的研发能力。这些能力使得优化的多通道信号处理算法得以实现。这些优化的数字信号处理算法通过适当地组合所有现有数据,将处理的信息量增加一倍,从而实现比现有算法更好的性能。充分利用现代反舰导弹已有的双接收机信道数据,有可能提升假目标和压制噪声干扰抑制能力。基本上,现代反舰导弹的处理可以抑制噪声干扰。显然,这种性能改进可以通过现有系统的软件升级实现。剩下的唯一可行的电子攻击是产生真正具有欺骗性的虚假目标。该虚假目标能够基于真实的物理原理适当地诱使反舰导弹传感器远离高价值目标。

在对抗期间反舰导弹可能同时使用部分或者全部电子防护技术。这要求反舰导弹处理器能够组合多个不同的参数或信息片段,以便自动快速地决策作战战术。为了正确地理解这些信息并适当地加权组合这些测量技术,需要利用数学的概率和统计。

必须认识到,这两项任务(舰队防御资源的选择和操作以及反舰导弹对适当目标的选择和攻击)都是假设检验任务,都需要理解信号处理。本章描述了一种快速组合多个不同测量参数算法的基本原理,以辅助作战人员进行战术决策和自主武器战术决策。

为了进行计算机辅助决策,电子防护行业从业者已在开发结合多个参数的算法方面已经做了大量的工作。本章的目的只是给出在现代电子战战场中所用算法应有的性质。为了实现这一目标,文中概述了针对多种测量方法的可行但简单的数学决策方法的特点。

7.1节阐述了该算法的基本术语和特点;给出了算法的一般流程,同时描述了电子战的基本原理;给出了算法测量和评估的实现途径,表明了怎样通过战术知识的应用增强测量和评估的性能。测量过程必须与战术应用知识紧密耦合。一般测量不能得到对抗措施的特别详细的理解。然而,详细了解战术与测量之间的相互作用可以得到实时评估。

7.2节对基本的对数似然比算法进行了综述。这一概念一直贯穿于本书中。通过这种方式,对快速决策算法的性能进行了说明和验证。特别地,用对数似然比,这一已知统计标量,表示了将决策内容转换到假设空间的值。

7.3节介绍了几个简单的电子战具体应用示例,以便能够检验处理算法。结果表明,该算法与交战阶段相吻合。一个显著的改进源于先验知识,而不是依赖于确定的和绝对的测量。现代射频技术与高速信号处理器和算法相结合,使得反舰导弹传感器能够快速适应随着战斗的进展而产生的信息获取需求。传感器变得越来越智能化,为了说明这一点,本节描述了当前智能武器系统作战的几个实例。

7.4节包含基本特性和结果的总结,再次强调了目前现代反舰导弹相对海军舰队防御具有非常显著的优势。

## 7.1 概　述

本书考虑了舰船防御反舰导弹的三种基本电子攻击行动,以便提供该理论的具体实例。策略1由高价值目标和单个诱饵组成。这是最基本的策略。诱饵可以是无源反射器、有源转发器和箔条的组合。电子攻击的目标是在交战早期,当反舰导弹导引头执行其检测、识别和定位任务时,使反舰导弹跟踪门锁定到舷外虚假目标上。诱饵必须具有真实目标的特征。由于反舰导弹具有先验信息,并且真假目标都有可能被检测到,预计反舰导弹选择高价值目标的概率至少为0.5。

策略2由高价值目标和一个舷外平台组成,舷外平台使用某种形式的诱骗电子攻击来保护高价值目标。在策略2开始时,反舰导弹导引头可能正在或可能不在跟踪舰船目标。电子攻击用电子的方式产生虚假目标。电子攻击生成的虚假目标用于捕获跟踪门,然后引诱这些跟踪门偏离舰船,并最终将跟踪波门诱骗到舷外虚假目标上。假目标必须具有真实目标的特征。假目标可以与舰船目标配合。在这种情况下,假目标必须以非物理的方式移动到另一个多普勒 – 距离位置。或者该区域可以包括许多虚假目标以迷惑反舰导弹传感器识别。在这种情况下,电子攻击的目标是混淆反舰导弹目标分类,并增加反舰导弹导引头在击中舰船之前选择舷外诱饵的概率。

所有舰队防御策略都应该包括用诱饵模拟反舰导弹的目标,如策略 1。最终目标是降低反舰导弹锁定高价值目标的概率,途径包括增加反舰导弹选择锁定诱饵的概率,或直接降低反舰导弹选择锁定高价值目标的概率。

策略 3 是用噪声干扰来压制或隐藏真实目标。如果舷外设备产生压制噪声干扰,那么它可以在攻击的末端的早期部分隐藏所有目标并迫使反舰导弹跟踪噪声源(跟踪干扰源或角度跟踪),从而诱骗反舰导弹。显然,目标是大大降低反舰导弹选择高价值目标的概率。如果由舰船自身产生压制干扰,那么它必须与一些附加手段相结合,例如采用策略 1 或策略 2,以诱使反舰导弹在交战后期切换到跟踪舷外设备。因此,对于高价值目标的自卫干扰,策略 1 中的舷外诱饵和策略 2 中的电子攻击可以作为与策略 3 组合使用的选项。

本书中的示例是自主引导的反舰导弹采用多波次攻击海军舰队。所有的战术决定(针对舰队作战人员或自主反舰导弹)都必须是计算机辅助或自动产生的。这是由信息量和战斗的快速性决定的。图 7.1 给出了决策过程的功能模型。

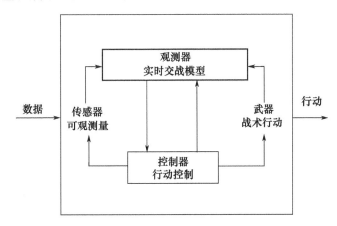

图 7.1 决策过程

数据由一个或多个传感器收集。基于这些观测数据,利用观测器算法可以建立交战过程的实时模型。从舰队的角度来看,战术武器和各种传感器的行动和调整是在控制器算法的控制下执行的,控制的依据是观测器对实时交战情况的估计。

从反舰导弹的角度,它的观测器评估每个目标是真实目标的可能性,并评估对方可能正在采用的电子攻击行动。基于观测器的这种评估,在控制器算法的控制下执行制导指令。此外,观测器的评估可引导控制器指示传感器收集特定信息,以提高其评估交战情况的能力。值得注意的是,在这两种情况下,通过积累信息和了解控制器行为知识,都会明显提高观测器的性能。

在战斗的每个部分开始时,舰队作战人员基于对杀伤概率的分析,选择防御武器和战术组合。杀伤概率的分析取决于情报数据和以前系统测试得到的先验杀伤概率。这些概率与情报数据以及测试过程具有同等的真实有效性。

无论何时使用武器,都必须不断评估其实时有效性,以确定是否需要替代行动以确保最大存活概率。当使用动能武器时,可以使用舰队传感器来监视反舰导弹的物理损伤或由于碰撞损伤引起的轨迹显著变化。

20 世纪 80 年代美国海军在几个项目中开发了实时电子攻击效能监视(RTEAM),并且经过了彻底的测试。这里给出了一个事例说明现代电子战的基本哲理。

采用基本战术特征来描述威胁(反舰导弹)。这些威胁沿着优选的交战时间线执行事件,以引导反舰导弹撞击目标舰船(使用目标的脱靶距离小于临界脱靶距离),威胁交战时间线的示意如图 7.2 所示。

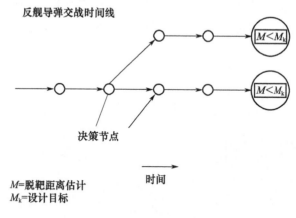

图 7.2　威胁交战时间线

交战序列的一个示例是:反舰导弹可以飞到特定的地理位置并跃升到雷达水平线以上。导引头打开,进行天线扫描,收集在已定义好的距离和角度范围内发现舰船(已知属性)的数据。一旦验证和更新了舰船的位置,反舰导弹就移动到其交战时间线上的下一个节点。

在该节点处,可以用传感器探测额外的目标特征,以识别探测到的目标是否为打击目标。一旦目标确认,反舰导弹切换到跟踪模式和其最终攻击阶段。如果该目标被判定为假目标,则选择其他目标。

反舰导弹交战时间线上的每个决策节点都具有一定的特性,包括它的脆弱性,舰队可利用此脆弱性,采用各种可用武器与之对抗。舰队武器行动的目标是使反舰导弹的交战时间线过渡到防御部队期望的交战时间线,该交战时间线导致反舰导弹不能击中目标船只,如变更的图 7.3 所示。

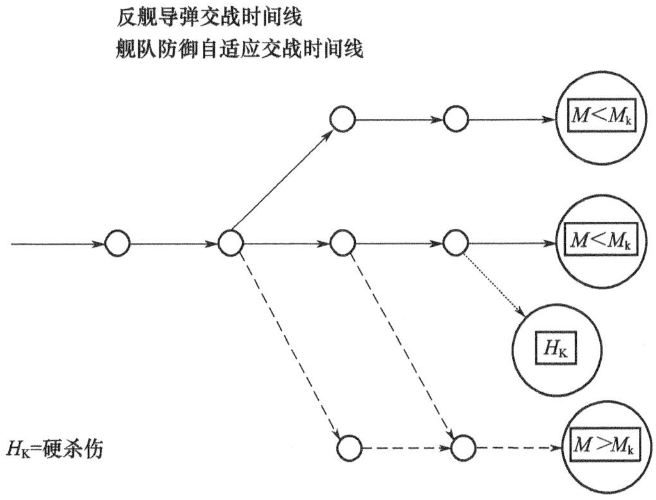

**反舰导弹交战时间线**
**舰队防御自适应交战时间线**

图 7.3　变更的交战时间线

将前面的描述符号化表示,如图 7.4 所示。威胁(反舰导弹)由其交战时间线来描述。每个节点又是由其针对特定武器和武器行动的脆弱性进一步描述的。任何时候执行武器动作,都有一个特定的目标。总体目标是防止威胁继续在反舰导弹交战时间线上,并使反舰导弹过渡到舰队期望的时间线上。在攻击时间线的每个节点处,都存在反舰导弹继续与舰船交战($H_0$)或不与舰船交战($H_1$)的可能性。这些假设选项必须以舰队传感器可能观测到的任何所有观测值为特征。因此,武器控制器将指示传感器为观测器收集适当的数据。

以同样的方式,自主反舰导弹可以符号化地表示交战战场。反舰导弹具有期望的交战时间线。在其时间线上存在决策节点,它必须指示其传感器收集数据,以评估其交战的进展。在每个节点,反舰导弹必须评估其决策的正确性,以及舰队和反舰导弹行动的有效性。

将此概念应用于电子战中,需要实现一定程度的实时效能评估。如果无法评估武器的效力,那么依赖这种武器是不可行的,除非作为最后的手段。现在的舰队作战人员的作战理念主要依靠动能武器。其原因是,战舰可以实时评估动能武器

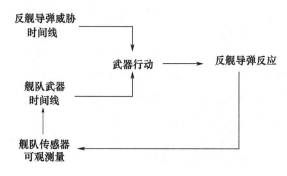

图 7.4　电子战战斗基本模型

的效能。

为了推荐战舰使用可能性价比更高的电子战武器,需要实现实时的电子战效能监视。实时电子战效能监视的要点是评估在一个特定的决策节点做出的决定,以确定最终的时间线决策。在简单的情况下,在给定已知的武器系统行动条件下,决策节点的输出结果是一个假设选项,要么是电子战期望的交战时间线,要么是反舰导弹期望的交战时间线。

实时电子战效能监视算法可以用经典假设检验的示例来理解。本章总结了对数似然比在电子战假设检验中的应用。其他数学形式可能会更有用。不管怎样,这种形式能说明实时电子战效能监视的几个基本方面。

例如,假设以下作战序列是一个非常简单的交战时间线(图 7.5)(该作战序列来自海军研究实验室,根据 1978—1990 年的研究进展,在 1990 年进行的先进技术演示(ATD)项目)。

**1. 舰队视角下的交战序列**

(1)反舰导弹加载先验数据,然后发射。

(2)在相距大约 12n mile 时,反舰导弹雷达导引头搜索目标;舰上侦察到反舰导弹搜索。

(3)到 10n mile 时,反舰导弹已经成功检测目标。导引头转入跟踪状态;舰上侦察到反舰导弹跟踪。

(4)在相距大约 8n mile 时,舰载电子攻击执行压制干扰外加掩护脉冲(掩护脉冲离舰船 0.25n mile,和诱饵在相同的距离上)。

(5)在相距大约 6n mile 时,评估电子攻击的有效性。反舰导弹跟踪舰船($H_0$)或掩护脉冲($H_1$)。如果反舰导弹跟踪掩护脉冲,舰载电子攻击停止。

(6)威胁继续跟踪船只($H_0$)或诱饵($H_1$)。

(7)估计有效性。如 $H_1$,则不动作。如果 $H_0$,使用硬杀伤。

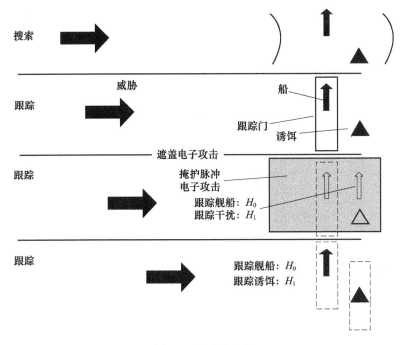

图 7.5　简化的场景

在舰队作战人员为舰队防御做出这些战术决策的同时,反舰导弹正在执行其交战时间线并做出提高其效能(杀伤概率)的决策。反舰导弹飞到预选位置并命令导引头更新目标信息。在检测到可能的目标之后,信号处理器评估其数据并选择最能代表预定目标的对象。

反舰导弹必须通过假设检验算法来决定选择哪个对象作为其首选目标。一旦反舰导弹选择了目标,就会进行制导测量,并且不断进行测量以支持改变战术决策,努力保护自己免受电子攻击或动能武器的攻击。

对于图 7.5 所示的交战,反舰导弹选择正确的目标。在这个阶段,反舰导弹检测压制干扰。它可以切换到跟踪干扰源模式,或者它可以检测掩护脉冲作为目标。当干扰停止时,真正目标和舷外诱饵在反舰导弹传感器视场中。反舰导弹可能处于跟踪模式,并继续跟踪诱饵,因为诱饵已经在跟踪门中。反舰导弹也可能将诱饵识别为假目标并重新跟踪船只。不管哪种情况,反舰导弹必须确定是否有时间来评估目标的真实性并相应地改变其进程。

**2. 反舰导弹视角下的交战序列**

(1)加载先验数据到反舰导弹,然后发射。

(2)在大约离目标 12n mile 时,导引头对之前确定的目标进行搜索。

（3）在相距 10n mile 时，反舰导弹成功地检测到两个目标。导引头评估目标特征并转换为对舰船的跟踪模式。

（4）在相距大约 8n mile 时，舰载电子攻击执行压制干扰外加掩护脉冲（掩护脉冲离舰船 0.25n mile，和诱饵在相同的距离内）。反舰导弹跟踪掩护脉冲并估计目标特征或者切换到跟踪干扰源模式。反舰导弹的这些决策是基于舰船目标的先验观测信息。

（5）在相距大约 6n mile 时，舰载电子攻击停止。反舰导弹评估目标特征。反舰导弹打击舰船或诱饵。

在前面的章节中，已经描述了几种反舰导弹传感器电子防护技术。这些技术用于在电子攻击存在下对舰船目标进行合适的分类。在描述这些电子防护信号处理技术的同时，电子战作为信息战的哲学方向也变得更加清晰。

现代电子攻击（非动能武器）的主要目标是对抗反舰导弹传感器对目标的分类任务。特别地，它的目的是使反舰导弹传感器要求的目标分类特征信息无效和/或产生一个或多个具有真实目标特征的虚假目标或诱饵。在努力选择正确的目标时，反舰导弹传感器将采用快速有效的信号处理算法。在电子战领域中，为了保护反舰导弹传感器免受舰队目标欺骗和拒止干扰的影响，人们正在开发各种电子防护算法。

多年来，为了实现计算机辅助决策，研究人员已经在组合多个参数的算法的开发方面做了大量的工作。当任务是从许多可能性中快速选择正确的目标时，一种标准的方法是使用分阶段的概率估计算法。第一阶段的统计很差，但是很快就减少了选项的数量，其中很大程度上包括了正确的目标。虚警概率（PFA）被设置为相对较高，也具有非常高的检测概率。通过这种方式，肯定可以选择真实目标，但是也可能包括虚假目标。

这个阶段通常效率很高，速度也很快。这个阶段的目标是迅速减少感兴趣的目标数量。该阶段反舰导弹通常采用搜索模式或目标确认模式。以这种方式，当天线扫过某个角度范围时，许多潜在目标，包括几艘舰船、诱饵和假目标，可能会在距离带中被探测到。利用以往数据加权目标概率。集成多个 DSP 的现代反舰导弹导引头传感器能够同时处理多个目标的多个特征。

在这个阶段之后，可以采用更低虚警概率的模式，但是计算量更大。该模式是典型的反舰导弹处理算法，用于对搜索模式中识别的多个目标进行选择或分类。该模式可以包括测量一个或多个目标的特征。所有这些信息必须结合起来，以估计哪个最可能是需要打击的目标。一旦确定了正确的目标，反舰导弹就切换到目标跟踪模式。在这个最后的模式中，反舰导弹进行位置测量，并自主引导撞击目标。

如前所述，1978—1990 年，作者开发了一种算法，以结合各种不同的数据做出实时战术决策。这一项目以美国海军舰艇的先进技术演示项目告终。该算法采用了经典对数似然比方法,对舰队防御任务进行了实现和测试,但同样适用于反舰导弹电子防护的数据自动综合处理。该算法拥有反舰导弹组合目标特征数据所期望的很多性质。下面描述了这种算法的特性。

<h2>7.2　对数似然比基础</h2>

本节描述了对数似然比的简化形式,用以说明战术决策辅助算法的一些需求。例如,此算法可用于评估之前所述的舰队防御序列的步骤 6 所定义的状态。如上节所述,电子战武器行动是为了控制威胁,以执行首选的交战时间线。为了评估上述步骤 6 的结果,检查该动作对一个或多个传感器的影响。或者可以使用决策辅助算法来评估反舰导弹战术决策的步骤 3 或步骤 5 中的可能目标。在这种情况下,使用对数似然比形式将几个目标特征组合成一个决策参数。

假设传感器给出的测量值为 $x$,它既可以是一个测量值,也可以是一段时间(1s 或更短时间)的 $N$ 个测量值构成的序列。如果假设 $H_i$ 为真,则数据表示为以下一组测量值:

$$H_i = \left\{ x \mid x_n = \mu_i + \delta x_i \frac{n}{N-1} + \omega_n \right\} \tag{7.1}$$

$$N \text{ 为奇数;} \quad n = \left[ -\frac{N-1}{2}, \frac{N-1}{2} \right] \tag{7.2}$$

式中:$\mu$ 为均值;$\delta x$ 为这段时间内数据的跨度;$\omega$ 为每个数据样本的加性噪声。图 7.6 给出了两个数据集合的一个示例。

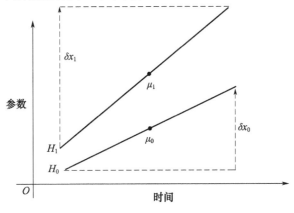

图 7.6　两个数据集的示意图

图中的实线表示数据集(没有噪声),其中关键参数表示了两个假设。这些参数表明了数据的均值和范围,假设与时间呈线性级数(或一阶泰勒近似)。因为总的时间较短,这种近似通常是有效的。如果 $N = 1$,则不包括第二参数。时间间隔($T$)与采样率有关。

$$T = N \cdot \delta t = N \cdot \mathrm{SR}^{-1} \tag{7.3}$$

假设传感器测量噪声($\omega_n$)服从高斯分布,并且与采样时间无关。测量噪声方差为 $\sigma^2$。对数似然比($\lambda$)定义为条件概率的比:

$$\lambda = \log\left[\frac{P(x \mid H_0)}{P(x \mid H_1)}\right] \tag{7.4}$$

根据这个定义,测量数据集被转换为一组标量。由于噪声样本是独立的,并且假设服从高斯分布,对数似然比可以由以下方程表示(对于 $N = 1$ 的情况,直接修改这些表达式)

$$\lambda = T \cdot \mathrm{SR} \cdot \left[ (\bar{x} - \bar{\mu}) \cdot \left(\frac{\mu_0 - \mu_1}{\sigma^2}\right) + (\Delta x - \bar{\delta}) \cdot \left(\frac{\delta x_0 - \delta x_1}{12 \cdot \sigma^2}\right) \right] \tag{7.5}$$

$$\bar{x} = \frac{1}{N} \sum x_n \tag{7.6}$$

$$\Delta x = \frac{12}{N \cdot (N+1)} \sum n x_n \tag{7.7}$$

$$\bar{\mu} = \frac{\mu_0 + \mu_1}{2} \tag{7.8}$$

$$\bar{\delta} = \frac{\delta x_0 + \delta x_1}{2} \tag{7.9}$$

现在,正如前面的章节,定义 $\Lambda$:

$$\Lambda = T \cdot \mathrm{SR} \cdot \left[ \frac{\mu_0 - \mu_1{}^2}{\sigma^2} + \frac{(\delta x_0 - \delta x_1)^2}{\sigma^2} \right] \tag{7.10}$$

$\Lambda$ 是两个数据集分离度与传感器测量精度($\sigma^2/N$)的比的一种度量(参见式(7.3))。根据高斯概率分布的假设,这个量充分定义了两个假设的对数似然比的概率分布。

$$\mathrm{mean}(\lambda \mid H_0) = -\mathrm{mean}(\lambda \mid H_1) = \frac{\Lambda}{2} \tag{7.11}$$

$$\mathrm{var}(\lambda \mid H_0) = \mathrm{var}(\lambda \mid H_1) = \Lambda \tag{7.12}$$

因此,两个分布对于小的 $\Lambda$ 重叠很大,随着 $\Lambda$ 的增大而分离。也就是说,分布的宽度是 $\Lambda$ 的平方根,分布的平均值的距离是 $\Lambda$。增大 $\Lambda$ 时,样本的概率分布(左边是 $H_1$,右边是 $H_0$)如图 7.7 所示。

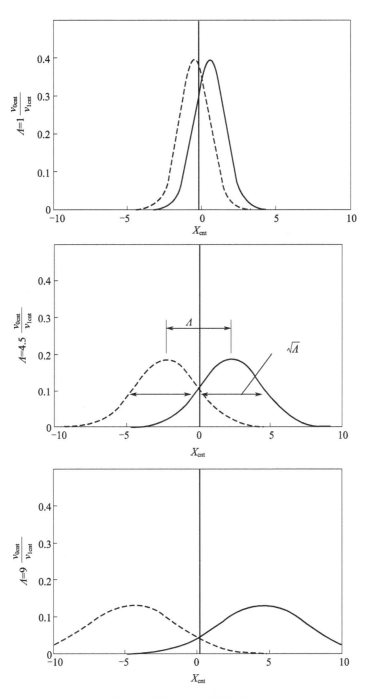

图 7.7　增加 $\Lambda$ 时的概率分布

对于给定的测试性能标准,例如 Neyman – Pearson 标准,这里存在一个临界 $\Lambda$ 值。因此,如图 7.8 所示,设置阈值 $T_h$,使得当 $H_1$ 为真时接受 $H_0$ 的概率给定为 $b$,也就是虚线曲线下在 $T_h$ 的右边的区域面积。随着 $\Lambda$ 的增加,出现了一个临界值,当 $H_0$ 为真时,拒绝 $H_0$ 的概率达到了期望的性能值 $a$,其中 $a$ 为 $T_h$ 左侧实线下的面积。例如,如果 $b = 0.0001$ 和 $a = 0.1$,则临界值 $\Lambda = 25$。当 $\Lambda$ 继续增加时,阈值由 $b$ 的要求确定,很容易满足性能要求。

通常,在电子战应用场景中,随着交战距离的减小,$\Lambda$ 的值会增加。因此,特定的对数似然比方差对应特定的交战距离。也就是说,在临界的交战距离内做出决策,就可以达到期望的正确性。性能目标等同于交战距离准则。

若标准正态分布的阈值为 $T_a$ 和 $T_b$,可以看到,正确的决策对应的为:

$$T_h = \sqrt{\Lambda} \cdot \frac{T_b + T_a}{2} \qquad (7.13)$$

$$\sqrt{\Lambda} \geqslant (T_b - T_a) = \sqrt{\Lambda_{\text{critical}}} \qquad (7.14)$$

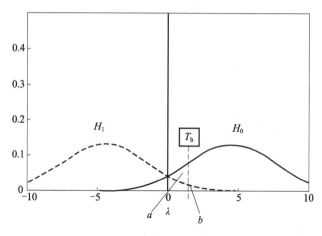

图 7.8   决策阈值

性能还可以通过标准接收机工作特性(ROC)来分析。这些曲线有时被称为探测器工作特性(DOC)。$x$ 轴是当 $H_1$ 为真时选择 $H_0$ 的概率(或参数 $b$)。$y$ 轴是当 $H_0$ 为真时正确选择 $H_0$ 的概率(或参数 $1 - a$)。如图 7.9 所示,$\Lambda = 0$ 的直线是对角线。当 $\Lambda$ 为零时,两个分布是相同的。随着 $\Lambda$ 的增加,曲线越来越向左上方弯曲。

Neyman – Pearson 性能标准表示为垂直和水平的虚线。垂直虚线表示错误类型 $b$(当 $H_1$ 为真时接受 $H_0$ 的概率)。水平虚线表示错误类型 $a$(当 $H_0$ 为真时拒绝 $H_0$ 的概率)。可接受的性能对应于垂直虚线左边的曲线。随着 $\Lambda$ 的增加,曲线达

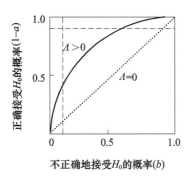

图 7.9　接收机工作特性的曲线示意

到水平虚线和垂直虚线的交点(在临界 $\Lambda$)。当 $\Lambda$ 再增加时,就超过了性能要求。多年来,接收机工作特性或等效的探测器工作特性分析得到了很好的发展。所有标准的接收机工作特性图的分析都可以用于对数似然比。

从另外一种方式来分析,再次考虑性能参数 $\Lambda$,基本上也就是式(7.10)。考虑单个传感器的情况,该传感器由其精度($\sigma$)和数据率(采样率)来描述。图 7.10 展示了对这种情况的分析。纵轴代表传感器精度,水平轴代表采样率,这样就可以创建一个传感器特性图。沿纵轴增加代表更低的精度,沿水平轴增加代表较高的采样率。

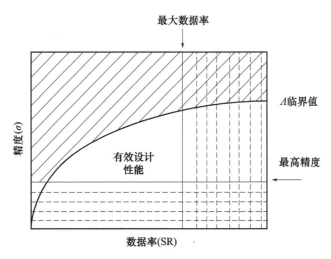

图 7.10　传感器使用要求

抛物线(实线)表示对于固定时间或固定几何场景的 $\Lambda$ 临界性能值。任何更高的 $\Lambda$ 值都将满足性能标准。该曲线与式(7.10)确定的几何值相对应。可接受的操作区域是 $\Lambda$ 曲线的右下方的空白区域。

垂直实线表示可达到的最大采样率。假设传感器可以达到或小于这个采样率。水平实线表示可达到的最佳精度(最小 $\sigma$)。同样地,可能存在精度更低的传感器。当传感器规格落入图中空白区域时,它可以对电子攻击的有效性进行评估。

如上所述,临界性能参数通常是交战距离的函数,并且该参数通常随着交战距离的减小而增加。因此,单个传感器的 $\Lambda$ 临界值对应于如图7.11所示的临界交战距离,该图中绘出了性能参数与交战距离的关系。

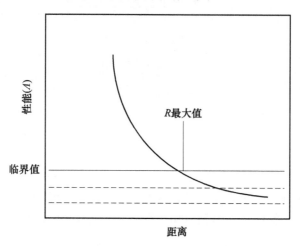

图 7.11　性能与距离的关系

传感器或数据融合是许多战术情况的一个主要问题。在许多情况下,这涉及复杂和不易处理的坐标转换和算法。战术决策必须快速有效。对数似然比方程的主要优点就是支持用于决策的传感器融合。考虑对于同一事件,将这种方程应用于两个独立的传感器($A$ 和 $B$)。如果传感器是独立的,则组合的对数似然比是高斯分布的。得到的对数似然比是两个独立的对数似然比的和,并且得到的概率分布的方差是各个传感器方差的和。

$$\lambda = \lambda_A + \lambda_B \tag{7.15}$$

$$\Lambda = \Lambda_A + \Lambda_B \tag{7.16}$$

也就是说,对标量对数似然比的值做加法就可以实现传感器融合,其性能表现为方差相加。如上所述,决策性能随着 $\Lambda$ 的增大而提高。两个方差的和必然大于任一个方差值。总体决策时对两个对数似然比是自动加权的。它们的权值是根据方差得到的。由此随着方差的增大传感器的检测性能将有所提高。

再次,通过适当的加权求和实现传感器融合。为了实现最佳传感器融合,无需调整坐标系等。以相同的方式,可以将独立的时间样本作为标量添加。但是,根据战术情况,建议对这一时间信息采用衰落记忆滤波器,或者在情况可能发生变化时进行新的测量。传感器融合形成的性能改善如图 7.12 所示。

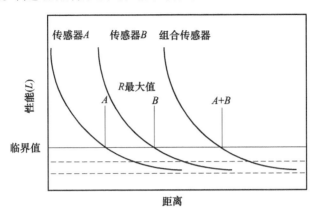

图 7.12　混合传感器的最大作用距离

　　对数似然比决策算法的主要特点如下：通常情况下，一个行动可能会产生不同的状态。需要决策的是哪种状态最有可能。测量一个或多个可观测量，对测量进行建模。由于必须快速地做出决策，因此只涉及很短的时间间隔(或单次测量)。可以对测量变量进行简单的近似。对传感器的精度、采样率等参数进行建模。假设高斯概率分布，形成对数似然比。如果存在不止一个测量变量，则对多个对数似然比进行组合。如果检测性能满足要求($\Lambda$ 大于临界值)，则将对数似然比的测量值与阈值进行比较。

　　图 7.13 给出了交战的简化几何模型，并定义了几个变量。基于舰队的算法的目的是测量电子攻击有效性的后验概率。这个后验概率可以通过脱靶量的估计得到。脱靶距离为 $M$ 表示反舰导弹攻击诱饵。脱靶距离小于 $M$ 表明反舰导弹瞄准了舰船。如果反舰导弹没有机动，这个估计是可行的。如果反舰导弹机动，这个估计就基本没用了。

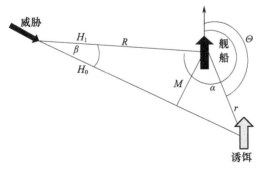

图 7.13　脱靶距离几何示意

等效地,电子攻击有效性可由反舰导弹导引头在其最后阶段的指向来估计。如果天线指向舰船,则假定反舰导弹瞄准船只。如果天线指向诱饵,那么船相对于反舰导弹天线瞄准方向夹角为$\beta$。这是一个很难估计的参数。但只要天线采用机械指向的导引头,通过导引头指向来估计反舰导弹的状态和舰队电子攻击的有效性就比较可靠了。

从舰队的角度来看,各种对数似然比如图7.14所示。使用图7.13中的简单几何关系,计算近似方程式(7.5),并将这些结果应用于式(7.10)。基本观测数据包括方位角(传感器的指向角度)、距离、功率、极化和距离变化力。图7.14给出了一些典型的结果。所有这些变量都表明,试验性能随着距离的减小和/或诱饵脱靶距离的增加而提高。使用这些结果,可以确定传感器的指标,以便在实施如上定义的电子战策略时能够进行实时电子攻击效能监视。

| | 方位<br>($a$) | 距离<br>(R) | 距离变化率<br>($dR/dt$) | 功率<br>($A/(R*R)$) |
|---|---|---|---|---|
| $H_1$<br>(击中舰船) | $\alpha$ | $R_0 - v_n/\mathrm{SR}$ | $-V$ | $P_0 - P_0 \cdot \left(\dfrac{2v_n}{R_0 \cdot \mathrm{SR}}\right)$ |
| $H_0$<br>(丢失舰船) | $\alpha - \dfrac{v_n}{\mathrm{SR}} \cdot \left(\dfrac{M^2}{R_0^2}\right)$<br><br>$R_0 - \dfrac{v_n}{\mathrm{SR}} \cdot \left(1 - \dfrac{M^2}{2R_0^2}\right)$ | | $-V \cdot \left(1 - \dfrac{M^2}{2R_0^2}\right)$<br><br>$P_0 - P_0 \cdot \left(\dfrac{2v_n}{R_0 \cdot \mathrm{SR}}\right) - P_0 \cdot \left(\dfrac{M^2}{R_0^2}\right) \cdot \left(\dfrac{v_n}{R_0 \cdot \mathrm{SR}}\right)$ | |
| $\Lambda$ | $\dfrac{T \cdot \mathrm{SR}}{\sigma^2} \cdot \left[\left(\dfrac{M}{R_0^2}\right) \cdot v_T\right]^2$<br><br>$\dfrac{T \cdot \mathrm{SR}}{\sigma^2} \cdot \left[\left(\dfrac{M^2}{2R_0^2}\right) \cdot v_T\right]^2$ | | $\dfrac{T \cdot \mathrm{SR}}{\sigma^2} \cdot \left[\left(\dfrac{v_T M^2}{2R_0^2}\right)\right]^2$<br><br>$\dfrac{T \cdot \mathrm{SR}}{\sigma^2} \cdot \left[P_0 \cdot \left(\dfrac{M^2}{2R_0^2}\right) \cdot v_T/R_0\right]^2$ | |

图7.14 舰队视角的结果示例

现在考虑掠海飞行的非机动威胁的简单例子(二维几何问题)。如前所述,参数是随着时间的推移而估计的。最可靠和有用的参数与状态动作的改变相关。假设反舰导弹处于特定状态,例如跟踪舰船。如果采用电子攻击是为了改变反舰导弹的状态以跟踪诱饵,则可以跟踪几个参数以评估动作的有效性。如果参数没有改变,电子攻击没有改变反舰导弹的状态。如果参数具有与电子攻击动作一致的变化,则估计电子攻击已经成功地实现了对反舰导弹的状态变化。在以前的试验中,已经获取了从跟踪舰船到跟踪诱饵的过渡时间。目的是观察特定参数的变化,该参数的变化与交战时间线的转换一致,结果如图 7.15 所示。

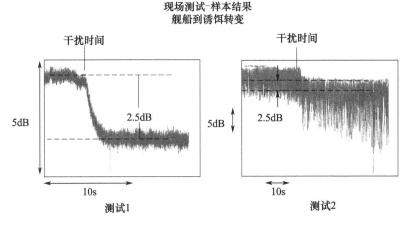

图 7.15 电子攻击效能评估示例

以类似的方式,前几章中描述的各种参数由反舰导弹导引头和数字信号处理器监视和测量。它将这些参数转换为一个标量参数,如对数似然比,并将这些对数似然比组合在一起。通过这种方式,反舰导弹可以快速有效地评估多个目标的物理特征,以便从容易检测和跟踪的几个可能目标中优选打击目标。例如,DSP 可以同时监视目标雷达散射截面值、雷达散射截面 Lag − 1 参数和目标的多普勒跨度。基于这些参数值,可以通过对数似然比形式或在多维特征空间中评估,以确定最可能的真实舰船目标。图 7.16 中包含一些可用于现代反舰导弹传感器的电子防护参数的列表,这些参数已经在前面的章节中进行了描述。

**现代反舰导弹传感器可用的电子防护参数**

雷达散射截面均值
雷达散射截面方差
雷达散射截面延迟1个采样时间的归一化自相关函数
单脉冲方差
拍频检测器
多普勒假象
探测多普勒污染
相关雷达散射截面波动
相关单脉冲误差
使用长随机码时的目标距离
目标距离长度/密集度/稀疏度
目标多普勒长度/密集度/稀疏度
与迂回机动同步的多普勒图像变化
减轻压制电子攻击的单脉冲估计
关联多假目标的和差通道空时自适应处理
减轻压制电子攻击的和差通道空时自适应处理

图 7.16 电子防护参数例子

7.3 节介绍电子战的具体实例,提供一些结论性的意见。

## 7.3 电子战实例

纵观历史,特别是在第二次世界大战期间和之后,海军一直是向敌对势力集中的地区投射力量的手段。可以说,在第二次世界大战中,英国舰队的优势是盟国能够在冲突初期对抗轴心国时幸存下来的重要因素。

自从第二次世界大战以来,海军部队不断向世界许多地区投射力量,从福克兰战争到中东的几次冲突,以及亚洲地区,如越南、韩国和中国台湾。

从日本对海军舰艇的自杀性空袭和早期德国发展反舰导弹开始,有几个国家不断发展反舰导弹以对抗海军部队。简单地搜索一下互联网或文献资料[1,2]就会发现,一些国家,包括主要大国(如美国、中国、俄罗斯和印度)以及较小的军事强国(如伊朗、朝鲜和巴基斯坦),部署的反舰导弹武器库在不断增加。

本书第 1 章描述了第二次世界大战以来的有限战斗,已经可以看到反舰导弹对海军的主要攻击潜力。目前海军舰队受到反舰导弹威胁时的标准防御措施是动能武器的分层防御。这种防御首先是远程到中远程的反导导弹,最后是近程武器系统或激光炮。

虽然当面对能力较弱的军事力量的有限攻击时,这种防御可能是足够的,但是当面对现代反舰导弹的大规模同时攻击时,动能武器将不堪重负。目前各种类型的反舰导弹一波波地攻击海军舰队的可能性日益增加。

例如,假设某国军队袭击美国舰队。首先,可以通过超视距雷达和侦察卫星来持续监控舰队。然后利用这些目标信息,从各种平台发射一波波反舰导弹。这些反舰导弹将以马赫数 10 的速度从高空接近,通常会瞄准高价值目标。同时,从陆地、空中、地面和地下平台发射的低空巡航反舰导弹可以从各个方向以马赫数 1 的速度接近。这些反舰导弹可能是针对高价值目标,有些可能是故意瞄准护航舰。到末段,当它们被自动引导到目标时,可以加速到马赫数 3 或更快。大多数反舰导弹都将执行高 $g$ 机动,以减少被动能武器拦截的概率。

为了抵御这种攻击,海军一直在开发一种混合动能和非动能的防御武器。这项研究的前提是,这些现有的自主反舰导弹配备了一个或多个传感器,具有前所未有的能力,并结合了复杂的信号处理能力。在过去,电子战的作战模式是利用情报收集识别的传感器中的缺陷。现在的电子战必须是一场以物理为基础的信息战。

配备低截获概率雷达的反舰导弹很难被探测到。这些雷达可能工作在普通气象雷达频段或更高频率。反舰导弹在末段会首先开始突然跃升,然后重新捕获目标,开始以高速机动冲刺,以减小被动能武器火力控制拦截的概率,与此同时,发射平台则投掷诱饵,以进一步干扰动能火力控制系统。

反舰导弹导引头能够轻易地检测和跟踪几个目标。由于需要处理的数据量大,而且战斗速度快,战斗双方的火力控制解决方案必须是自动的,或者至少是计算机辅助的。第 1 章和本章前几节简要介绍了基于突袭歼灭概率的战术决策和其他分析算法。

为了描述清楚当前电子战的状态,本书对舰队和单个反舰导弹之间的战斗进行了研究。这种威胁的示例对应雷达引导的自主反舰导弹攻击高价值目标的最后阶段。在此阶段之前,反舰导弹知道舰船的位置,并掌握一些该舰船的物理特性。

这些信息可能来自情报或测试,也可能还包含反舰导弹导引头在其接近过程的较早阶段观察到的舰船目标信息。例如,现代掠海飞行的反舰导弹可以以马赫数 1 的速度从 600km 外秘密接近目标。当它突然跃升观察战场时,它会扫描先前看到过这艘船的海面。使用高虚警概率算法和大的雷达散射截面窗口,在扫描角度范围内可以看到潜在目标的集合。如果船已经发射了诱饵,如无源诱饵(Rubber Duck)或有源诱饵(Nulka),反舰导弹将检测到多个潜在目标。图 7.17 显示了反舰导弹发现包括高价值目标、一艘护航船和一个诱饵的场景。

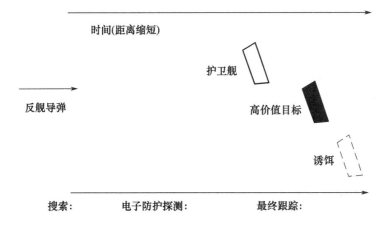

图 7.17 反舰导弹攻击带诱饵保护的高价值目标

反舰导弹接下来将使用一组由单个或多个波形组成的信号,旨在增强高价值目标、较小的护卫舰和前几章中描述的假目标特征之间的差异。如果反舰导弹改变波形,则需要几十毫秒获取数据流,如第 2 章所述。再如第 4 章所述,反舰导弹还可以检查几个目标的雷达散射截面值和雷达散射截面 Lag – 1 值。单脉冲统计可以检查目标的延展特征。另外,或者作为一种选择,当反舰导弹进行迂回机动对抗动能武器火控系统时,导引头可以评估第5章中所描述的多普勒特征。一旦反舰导弹选择可能性最大的高价值目标,它将减小其跟踪门,并切换到收集精确制导信息的优化波形。

作为另一种选项,护航舰可能用舰载电子攻击系统产生虚假目标,以迷惑反舰导弹传感器。反舰导弹可以切换到一个非常长的脉冲压缩波形,其中包含子脉冲内部随机码,从而使电子攻击系统不可能在观测带内生成有效的假目标。或者反舰导弹可以测量目标之间的参数相关性,识别虚假目标和真实目标。如果护航舰成功地制造了一个假目标,试图引诱距离和多普勒跟踪门,差拍频率检测器(BFD)程序将向反舰导弹传感器告警。当然,这是从低截获概率的角度解决导引头的电子防护问题。导引头还可能有多个传感器。如采用红外传感器来检测舰船或被动雷达来检测舰载雷达的发射,可以进一步证实低截获概率有源雷达传感器得出的结论,从而对目标进行恰当地识别。图7.18中给出了多个有源电子攻击假目标的情况。

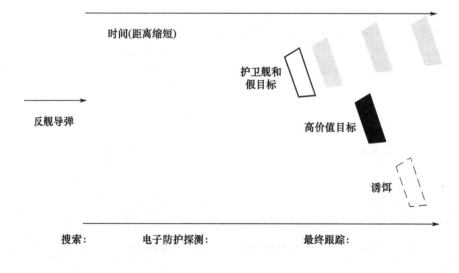

图 7.18　护航舰有源电子攻击产生假目标

如第6章所述,护航舰(或有源诱饵)可能试图通过产生噪声干扰致盲有源雷达传感器,从而保护舰队高价值目标,如图7.19所示。该图说明了护航舰、高价值目标和诱饵的位置,假设护航舰向导引头主动雷达传感器注入了强噪声辐射。

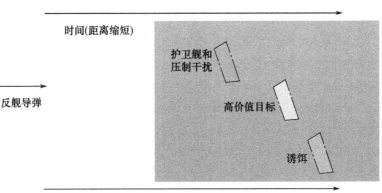

图 7.19　护卫舰主动压制干扰

　　当反舰导弹开始迂回机动并检测到这种干扰时,它能够采用两个相参传感器进行近前视空时自适应处理算法,以减轻压制干扰,获取舰船的位置和特征。利用之前的信息和观测结果,导引头可以获得舰船可能的粗略位置信息。这些信息与观测数据阵列相结合足以在每个潜在目标周围建立次优滤波器,如第 6 章所述。使用这些滤波器,可以测量目标的更详细的观测值。这些信息可以帮助制导,同时改进滤波器,使它们更接近最佳预白化滤波器。这种自适应滤波估计技术是许多信号处理应用中常用的次优滤波方法[3]。通过这种方式,反舰导弹可以快速地减轻干扰并确定高价值目标的位置,如图 7.20 所示。

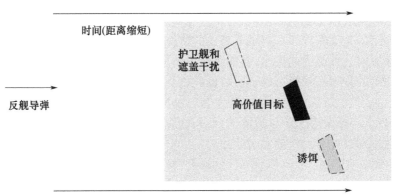

图 7.20　反舰导弹电子防护抑制护卫舰船压制干扰

## 7.4　结　　论

本章描述了对数似然比的数学形式，以说明用于自动作战辅助决策的典型算法。该算法将实时电子战效能监控任务与快速传感器融合相结合；演示了如何对威胁、武器和传感器进行建模以实现这个能力；介绍了如何制定传感器要求和评估定量性能，包括性能范围要求。这种方法说明了使用标量算法融合信息的强大效果；最后阐述了如何随着时间的推移积累信心。这种形式以前已经应用到好几个外场实际测试。

以类似的方式，自主反舰导弹传感器可以并行实施上述几种电子防护技术，并使用标准统计技术对这些技术进行加权组合。现代反舰导弹雷达传感器可以在其搜索模式期间采用低截获概率波形，以优化目标检测，如线性调频或长相位编码波形；可以采用较大虚警概率，将检测到角度和距离扫描带中的所有可能目标；后续还可使用第4章的基本电子防护技术的组合，例如雷达散射截面水平、Lag-1统计和距离/多普勒结构（如长度），以确定一个或多个潜在的真实目标。

当天线瞄准这些检测到的目标时，可以采用不同的波形（也许是来自第5章的探测波形）来更好地区分正确目标、虚假目标和诱饵。如果存在多个假目标，相关参数可以快速识别假目标。反舰导弹传感器可以使用阶梯频率和固定频率波形来有意地探测目标的物理特征。在当前的电子攻击系统和概念下，它们是难以复制的。随着距离的减小，可以估计单脉冲测量和其他DSP算法的方差。如果电子攻击系统试图通过高功率压制噪声来致盲反舰导弹传感器，则可以采用第6章中的技术来减轻该电子攻击的影响，并识别包含高价值目标的距离-多普勒单元。

最终结果是反舰导弹在有电子攻击的情况下可非常有效地检测和识别高价值目标。作为对这种能力的反击，必须改进电子攻击技术，以充分匹配此技术进步。如利用精确的物理技术模拟高价值目标的特性，并提供真正可行的替代真正目标的方法。为了完成这个任务，电子战工程师必须理解反舰导弹工程师正在开发的DSP技术；也必须改进电子攻击技术，并与舰队防御武器和传感器充分集成，以优化防御并增加对战斗的全面实时认知。

如本章开头所述，现代雷达制导的反舰导弹采用两个接收机采集的数据来优化信号处理。这是一个巨大的威胁。它可以减轻当今大多数标准电子攻击技术的影响。本书的主要结论是，有许多目标特征和电子防护探测技术可向反舰导弹传感器提供丰富的信息，用以对抗电子攻击和识别期望的目标。应充分认识到的是，在很大程度上，很多或所有快速而有效的电子防护算法可以通过软件更改，并在有高速数字信号处理能力的新型及现有的反舰导弹导引头中实现。

## 参考文献

［1］ Schleher,D. C. ,*Electronic Warfare in the Information Age*,Norwood,MA：Artech House,1999.

［2］ Pace,P. ,*Detecting and Classifying Low Probability of Intercept Radar*,Norwood,MA：Artech House,2009.

［3］ Genova,J. J. ,*Non - Invasive Medical Monitor System*,Patent 5,590,650,Alexandria,VA,January 7,1997.

# 作者简介

詹姆斯·吉诺瓦博士1968年在凯斯理工学院获得学士学位,1971年和1973年在纽约州立大学石溪分校分别获得理论基础粒子物理学硕士和博士学位。吉诺瓦博士早年是一名系统飞行测试工程师,之后在各种反潜战(ASW)项目中担任研究科学家和项目经理。他将内置宽带模糊函数的相参数字信号处理器首次成功应用于海洋声学数据处理领域(声纳浮标、拖曳阵列和水声监视系统阵列),并继续将相参数字信号处理应用于各种不稳定的声信号处理方向。

1978年,吉诺瓦博士任美国国防高级研究计划局(DARPA)和美国海军电子系统总部(NAVELEX)联合研发项目的项目经理,负责研究反馈控制在舰载电子战中的应用。他很快意识到,自适应反馈控制电子战的重大效益有赖于数字信号处理器在电子战信号处理中的成功应用。他对反舰导弹、舰载电子战和各种电子攻击技术进行了深入的研究,特别是双相参源电子攻击技术,包括交叉眼、交叉极化和双交叉技术。他逐渐成为单脉冲雷达双相参源欺骗技术的国际公认专家。这一研究阶段的高潮是1990年在美国海军舰艇上进行的电子攻击效能评估的先进技术演示项目。

2002年,他作为全职科学家加入海军研究实验室(NRL)电子战部门,并于2012年退休。在海军研究实验室任职期间,他连续三次获得海军研究实验室年度最佳正式报告奖。他提出并为海军研究办公室承研了几个创新性项目,包括空时自适应处理在海军反舰导弹导引头的应用,以及一项应用于在线干扰效果评估的创新性数字信号处理技术。后一个项目在2015财年纳入未来海军能力计划。吉诺瓦博士在海军研究实验室的主要任务是开发相参雷达导引头硬件模拟器,用于海军反舰导弹研发和测试。这些技术已经被用于研发和测试10年以上。多年来,吉诺瓦博士支撑了许多电子战装备测试,包括美国与盟友举行的环太平洋联合军演(RIMPAC)中的美国海军测试。

反舰导弹导引头的情报主要来源于对射频传输的截获和射频处理的推测。射频接收机后面的数字信号处理完全是软件可配置的,不能直接观察到。这种理解上的差距导致海军电子战测试理念上存在的一个重大缺陷。在正式测试期间,模拟器只是通过智能采集实现所证实的功能,即没有数字信号处理算法。以前,电子战的目的是利用反舰导弹导引头的缺陷,攻击其探测和/或定位功能。现代低截获概率雷达增强了目标探测和定位能力。目前低截获概率反舰导弹导引头开发的重点是通过 DSP 实现目标分类功能，电子战现在必须瞄准这个分类功能。吉诺瓦博士通过研究出版物和其他资料来确定反舰导弹当前的数字信号处理技术。他主要参考了国外针对目标分类数字信号处理的出版物，并通过海军研究实验室相参雷达导引头硬件模拟器，实现同时测试了各种技术。由于反舰导弹相参雷达导引头是一个巨大的威胁，如果这些反舰导弹数字信号处理技术被应用，则标准的海军电子攻击系统将不足以对抗这一风险。本书描述了目前被工程师和情报界所忽视的这些反舰导弹数字信号处理算法。